引领优质阅读　创造美好生活

向前

新女性的IP打造

张丹茹—— 著

机械工业出版社
CHINA MACHINE PRESS

你主动为自己的人生做过规划吗？在很多人眼中，上学、工作、结婚、生子、照顾家庭，是女性理想生活的全部。当你把大部分的时间都花在琐碎的事情上，你的人生还可以有不一样的可能性吗？

本书作者从人生规划、时间管理、沟通秘籍、亲子法则、精力管理、个人品牌打造六大维度出发，带领广大女性成功拥有自己热爱的事业，同时打造出自己的个人品牌，成为新时代的独立女性，活出专属于自己的独特精彩人生。本书结合大量实际案例，剖析其中科学方法和实用技巧，便于读者参考并实践。

图书在版编目（CIP）数据

向前：新女性的 IP 打造 / 张丹茹著 . —北京：机械工业出版社，2020.10

ISBN 978-7-111-66819-0

Ⅰ . ①向… Ⅱ . ①张… Ⅲ . ①成功心理学 – 通俗读物
Ⅳ . ① B848.4-49

中国版本图书馆 CIP 数据核字（2020）第 204550 号

机械工业出版社（北京市百万庄大街 22 号 邮政编码 100037）
策划编辑：梁一鹏 刘 岚 责任编辑：梁一鹏 刘 岚
封面设计：吕凤英 责任校对：李 伟
责任印制：孙 炜
北京联兴盛业印刷股份有限公司印刷
2021 年 1 月第 1 版第 1 次印刷
148mm×210mm · 7.5 印张 · 2 插页 · 118 千字
标准书号：ISBN 978-7-111-66819-0
定价：69.80 元

电话服务　　　　　　　网络服务
客服电话：010-88361066　机 工 官 网：www.cmpbook.com
　　　　　010-88379833　机 工 官 博：weibo.com/cmp1952
　　　　　010-68326294　金 书 网：www.golden-book.com
封底无防伪标均为盗版　机工教育服务网：www.cmpedu.com

向前:
我遇见了更好的自己

在这个女性力量崛起的时代，新时代女性如何才能赚到钱、增加收入、成功打造自己的个人品牌，成了女性每次见面都要聊的话题。获得经济独立，成了每一个想要证明自己价值的女性必须要达成的目标。

我的不少女性学员，在她们遇到我之前，都是和原先的我一样的普通女性：

- 做着一份谈不上非常喜欢的工作，有着一份不多不少的固定收入；

- 每天上班忙忙碌碌，下了班精疲力尽，却还是要打起精神带孩子；

- 没有自己的兴趣爱好，为家庭付出了工作之余的一切时间；

- 不爱学习，一看书、一听课就想睡觉，学习成了催眠术；

- 很少社交，不是不喜欢，而是没有时间和精力；

……

但现在，许多女性不但拥有一份主业，还花很多时间和精力去学习、尝试各种各样打造个人品牌的方式：

- 我的学员静然，定居上海，力争把主业做到最好，利用工作之余的时间开启精力管理定位咨询副业，主副业无缝衔接；
- 我的学员皓妈，定居深圳，全职妈妈，在家带俩孩子，在家带孩子的同时通过互联网开启美食副业，并开展幸福妈妈养成教练计划，最高日营收上万元；
- 我的学员 Sunny，小县城全职妈妈，利用互联网缩小大城市和小县城之间的差距，一年多时间副业营收破百万；

……

这样的例子还有很多，她们选择跟着我学习，我为她们打开了一扇通往新世界大门。

而我也从四年前的只有一个孩子的互联网从业者，到今天拥有了畅销书作家、当当网年度新锐作家、女性成长平台创始人、创业公司 CEO、事业和家庭平衡的"二宝妈"等等标签，成了接受 CCTV-2 采访、各大头部平台纷纷邀请讲课的头部讲师，年营收比在职场时翻了上百倍。

　　我在几年前就意识到女性经济独立、打造自己的个人品牌的重要性，在采用了轻启动副业、成功打造个人品牌并实现变现后，迅速复制了成功的方法，构建了帮助学员一同变现的"价值变现大学"平台，后来进一步提升维度，完善了"价值变现大学"的整个商业生态圈。

　　2016 年 1 月，我的大宝两岁多的那年，我开始尝试开通自媒体。

　　我开通了公众号，通过业余时间大量写作、分享，输出干货心得，公众号粉丝迅速增长。同年 4 月，我推出了第一期"时间管理特训营"课程，广受欢迎。与此同时，我在职场的发展也越来越好，跳槽成为互联网企业的运营总监，薪水也涨了不少。

　　而副业方面，CCTV 的采访邀请、出版社的出书邀约、各种线上线下的合作邀请纷沓而至。我陆续开发出了好几套实用的职场发展和个人品牌打造课程，建立了几十个课程服务型社群和打卡群。通过社群和课程，我帮助上万人成功打造出了个人品牌、提升了能力，而我的副业月收入已经持续突破六位数。这一切，都是我在职场正常上班，副业只有几个兼职助理的情况下完成的。

　　2017 年 3 月，我辞去职场的工作，成为自由职业者。

除了和外部平台以及老师们合作、自建课程社群以外，我还创立了高端学习及连接平台"价值变现研习社"。

同年，我出版了第一本书《学习力：如何成为一个有价值的知识变现者》，并获得了"当当网 2017 年度最具影响力作家"的荣誉。

2018 年初，我与他人合作的课程社群举办了 500 人的线下活动，正准备在新的一年大干一场时，却意外发现自己再次怀孕了。但是这次我的心态很平和，相信一切都是最好的安排。在怀二胎期间，我主动减少了工作量，大量学习、阅读、观影、品尝美食，少量处理工作合作，在生完二宝后三个多月的年底，各种合作项目顺利推进，我的月营收突破 400 万元。

2019 年，我和合伙人创办了新的线下教育项目，出版了第二本新书《副业赚钱》，目前销量近 10 万册，并逐步完善"价值变现大学"商业生态圈。

在线上，我构建了以爆款课程"时间管理特训营""副业赚钱实操训练营"为主打，"价值变现授权金牌导师""价值变现女性年度社群"为核心，十多门课程构成的年度会员计划为腰部，与在线学习平台如千聊、十点读书、唯库、兰心书院等合作的精品课为基础的课程体系。

几乎每天都有人向我报喜，反馈她们在个人品牌打造、副业发展方面的新成绩。有学员在课后给我发来长达几千字的感谢信，感谢我帮助她完全改变了生活状态。

我带着"价值变现私董会"进行成员之间的资源连接、合作，将大量的资源盘活起来。

我的众多学员中：

- 有的人结为合作伙伴，共同探索个人品牌打造之路、一起更好地变现；

- 有的人找到了新客户，原本都要放弃的生意有了起色、不断发展壮大；

- 有的人找到了投资人和生意合伙人，开启了新的事业；

- 有的人从百无聊赖中找到了自己的价值感和存在感，生活面貌焕然一新；

- 有的人在探索个人品牌多年后，经过我的指导，成功定位，转型做讲师，开拓了个人新的标签；

- 有的人在进行线下教育培训多年后，在我的帮助下成功开拓线上培训板块，收入增长了数十万乃至更多。

……

我很喜欢的一句话是这样说的：利他，是最好的商业模式。

在这四年的时间里，我整个人生发生了翻天覆地的变化，因为我在持续打造自己的个人品牌。我是个人品牌思维最大的受益者，但身边还有很多人不知道人生还可以这么过，事业还可以这样推进。

我除了自己把事业经营得风生水起之外，还通过各种项目带领了数万名小伙伴，从 0 到 1 开启了她们的创业小项目，她们的价值变现项目年收入从数千元到上百万不等。

我在互联网上的原创文章与线上线下课程，以及出版的图书覆盖了上百万人。有一句话是这么讲的，自己厉害不重要，更重要的是能带领一群人变得厉害。从一个二本毕业、普通得不能再普通、主业底薪只有 2000 元的客服，到年营收千万的创业 CEO，这 12 年的时间里，我有太多成为全能女性的干货、实战经验、个人品牌打造指南想要分享给女性朋友们。

我想通过这本书，带动女性朋友们一起全方位成长。我们一起向前，遇见更好的自己。

目 录

第一章

人生规划：

突破自我设限，新时代女性如何规划
精彩人生

很多人对女性的期待是，你应该花更多的时间在家庭而非自己的工作上，如果能把家庭和工作兼顾好就很不错了，更别谈什么人生理想了。

如果你也是这样看自己的，你会发现自己的世界变得越来越小，并渐渐对这个世界丧失掉新鲜感，如果内心平静倒也还好，但如果心有不甘，你会生活得很焦虑。

事实上我身边不少女性朋友，包括我自己在内，都活得丰盛淋漓，活出了自己的人生新篇章。在我的观念里，一件事只要有一个人做到了，就意味着可行。所以当你发现自己想要事业、家庭、个人成长都平衡的时候，不要先自我暗示做不到。而是从自己身边找到一个甚至是多个已经做到的女性朋友，去研究她们是如何做到的。

当你看到在真实世界里发生和存在的事情后，你会更容易相信这一切都是有可能的。所以我完全不赞同女性就只能够拥有世俗对我们定义的人生状态。

拿我自己来讲，大家都知道我有两个孩子，但是我的人生真的精彩无比。所有看过我的书的人，无论是《学习力：如何成为一个有价值的知识变现者》（下文简称《学习力》），或是《副业赚钱：人人可复制的爆款赚钱课，副业也能月入过万》（下文简称《副业赚钱》），还是《副业思维：解构副业思维的五种关键能力》（下文简称《副业思维》），最大的感触都是，原来人生还可以这样过。我要持续做出你能看见的真实世界里真实发生的事情。那么普通女性的人生活法和新时代女性的人生活法相比，究竟有什么差异呢？

1. 普通女性 VS 新时代女性：人生活法新标准

正常情况下，女性朋友普遍的五种人生常态活法是什么呢？这五种人生常态活法，有多少种会戳中你的现状？如果我们想要升级自己的人生活法，新时代女性是否也会有相对应的人生活法的参考标准呢？

在正式分享这部分之前，想要跟女性朋友们强调的是，你不必只按我分享的五个标准来活。如果是这样的话，你又掉入了另一套对女性的标准之中。我主要是要告诉大家，我们大致有这些方向，你可以参考并根据自己的情况找出最适合自己的方向。

我之所以在分享新时代女性人生活法新标准之前，要先分享普通女性五种人生常态活法的真相，有两个目的：

- 告诉你，你并不孤单，有很多的女性朋友都和你一样处在水深火热之中；
- 先撕开真相，让你对号入座，才更有改变的动力和决心。

很多朋友会在朋友圈看到别人非常美好的状态更新，或者是听别人描述自己的高光时刻时，会拿自己最忙碌、最糟糕的时刻进行对比。这种对比没有任何好处，只会让自己状态更加糟糕。所以我先带你们回到真实世界里，大家的现状其实都是差不多的。

拿我自己举例，我是个二胎妈妈，二宝出生之后我真的需要花很多的时间去陪伴他。我的同事来到我家看到我带孩子的样子，就会知道她们心目中的老师和老板，在正常生活状态里，照样是带孩子带得精疲力尽。我们每一个人都是普通人，女性如果想当好妈妈，除了在职场厮杀之外，回到家带孩子非常正常。下面，我为大家剖析普通女性五种人生常态活法的真相。

第一种真相：忙碌的上班族

如果你和我一样是妈妈，早上早起忙活完家务后，还要在孩子哭哭啼啼的状态下和他说拜拜，告诉他妈妈要去挤地铁、坐公交上班了，有时候因为孩子的原因出门晚了还面临迟到的境况。到了公司后，必须要马上进入忙碌的工作状态，而且还可能做着自己不太喜欢的工作，但是又因为种种原因不敢辞职。

或者你是刚毕业的女性朋友，亦或是刚休完产假的宝妈，被安排做着相对低价值而琐碎的工作，日复一日地重复着类似的任务。每天忙忙碌碌却对未来失去了憧憬和方向。

第二种真相：下班之后无所事事或没有自己的时间

你经过一整天忙碌的工作之后，又开始挤地铁、坐公交回家。

如果你是单身女性，下了班后可能会不知道做什么好，百无聊赖，无所事事。如果你是职场妈妈，带娃的同时还要做一些家务，而且还可能不止带一个娃。下班回到家，被孩子们缠着，会感觉自己的精力明显不够。

第三种真相：情绪内耗

我们来简单区分一下什么是情绪内耗，什么不是。一般情况下，我们遇到一件事情不开心，可能会发一发脾气，这个是非常正常的，不属于情绪内耗。

情绪内耗是指我们当下没有遇到什么具体的事情，就莫名其妙地心情不好。然后也不愿意去找原因，会让这种情绪一直持续地在自己身上累积和发酵。或者是我们遇到的事情其实很小，可能只是工作上的一个小失误，或者是孩子吃饭没有吃得很好，但我们人为地把这件事情放大，然后情绪变得很糟糕，生活和工作都受到了很大的影响，这个就叫作情绪内耗。

我们肉眼看不见情绪内耗，其实已经在我们的身体和心灵里积累和发酵了很长时间。给大家描述一个常见的情景：你处于迷茫中已经有一段时间了，也不知道自己除了带孩子，除了做着自己不太喜欢的工作以外还能干什么，这种难以言说的情绪不断滋生，甚至有时候你会无缘无故地发脾气，或者怪伴侣不够优秀，怪他不够体贴，然而自己却察觉不到自己的状态在变化。想要跟女性朋友们强调的是，不是说我们不能有情绪，但一定要避免升级成为情绪内耗。

第四种真相：关系失衡

某个阶段，你会发现自己好像工作做不好，跟同事或者上司之间的关系也出了点状况，回到家另一半也不是太理解自己，好像其他人也常常给自己脸色看，以你为圆心的一切关系都失去了原来的样子。

所有往常融洽交流的对象，突然变得无法沟通，即便你想要主动进行沟通，也找不到合适的方式和契机，你会发现一切的关系都失去了平衡但却无能为力，这样的关系失衡状态积累了一段时间之后，你就会面对到第五种真相——迷失自我。

第五种真相：迷失自我

你开始对一切都提不起兴趣，看谁都不是很顺眼，包括看自己也是如此，反复进行自我否定。你不知道自己每天忙碌工作和生活是为了什么，你不知道未来的意义是什么。

以上五种人生常态活法，你符合哪几种？有没有觉得都似曾相识？这五种状态不会一下子全部出现，但偶尔出现真的是太正常了。这才是正常情况下女性朋友人生常态活法的真相。只是不同的朋友在不同的情况之下程度不同而已。

目前我的人生活法真相是怎么样呢？

我在上班期间一直都是非常忙碌的，但庆幸的是我已经从最开始做低价值的工作状态里跳脱出来了，我现在做的大部分事情，都是自己热爱并且能给大家带来价值，也能给自己带来成就感的事。

但是下班还是会琐事缠身，当妈妈的都知道，妈妈这个岗位虽是无证上岗，却对妈妈们的综合实力有无比高的要求。

另外，我的情绪内耗管理做得非常不错，有一个重要原因是我现在的世界很大，我不会也没有时间把小事变成大事。在和先生的相处上，我也做得很好。

本书的第三章将会针对伴侣沟通和相处做详细的展开，如果大家有需要，也可以先翻阅这个部分。伴侣关系是除了和自己的关系之外，最为重要的一种关系。而且伴侣关系会影响到我们跟自己，还有我们跟孩子以及我们跟其他人的关系，如果处理不好，很容易出现自我迷失。

我不会让自己迷失在这些基本的关系维护上，而是会花更多的时间和精力去布局新的事业篇章。在这里也给女性朋友们提出一个全新的观点：

焦虑和迷茫太正常了，不要排斥它，但是我们要焦虑和迷茫得越来越高级一些。我希望在读本书之前，大家可以为一些鸡毛蒜皮的小事情感到焦虑和迷茫，而读完本书后，不再为小事感到焦虑和迷茫，而是思考诸如此类的问题：

- 如何学会平衡自己的人生；
- 如何可以做自己喜欢的事；
- 如何开启自己的副业事业；
- 如何处理好重要人物关系；
- 如何规划好职业生涯发展。

那么，新时代女性的人生活法标准会有哪些呢？

第一个标准：上班高效

很多人会跟我抱怨："我上班一整天的时间，却好像什么事情都没有做。"如果你是属于这种状态，那我建议你一定要从明天开始，对自己上班一整天做的事情进行一个记录。

我们想要让自己高效的前提是，我们知道自己当下的真实现状是怎么样的。女性朋友们，如果想要拥有令人怦然心动的人生活法，一定要先从调整自己工作的状态为积极模式做起。而且我们让自己工作高效起来的目的不仅仅是为了工作本身，更多的是把这种积极的状态给调动起来，然后把挤出来的时间用来学习以及技能提升或者是探索副业。

另外，很多女性朋友工作不够高效的原因并不是能力不足，而是没有意识到时间的重要性。关于时间管理，本书第二章会进行详细的展开。

第二个标准：独处的时间

女性朋友们尤其是职场妈妈或者是全职妈妈，很容易出现的一种状态是，完全没有自己独处的时间。无论你是单身还是已经结婚或者是已经有了孩子，都一定要有为自己争取独处时间的意识。

以我自己为例，我的独处时间有以下几种场景：

- 早上在孩子还没有起床之前，早起做自己热爱的事情，比如写作、听课。
- 在一整天的工作状态里面去挤出一些时间学习，用来提升工作技能，比如在销售方面提升谈判能力，在客户服务方面提升沟通能力。
- 下班之后回到家之前会有 10~30 分钟独处的时间，我会在小区里散散步，听听课。

当然，独处的时长也是重要的，但是比起一下子拥有很长的独处时间，更重要的是你要有自己独处的意识。

第三个标准：情绪稳定

我们要学会接纳自己有情绪，而不是一味对自己提高要求，或者总是觉得自己不够好。当我们接纳自己有情绪之后，情绪会自动化解掉 50%，而且不容易变成情绪内耗。

如果我们做到了前面两个标准，工作上的效率提高，会让我们工作做得更完美，进而得到相应的奖励和夸奖；我们有了自己的独处时间，就能去做一些自己想要做的事情。这在一定程度上会增加我们的人生的可能性，我们的情绪状态也会变得更好。

第四个标准：伴侣关系

我身边家庭经营得很好而且事业发展得不错的人的伴侣关系都很融洽。但也存在一部分女性，因为自己事业发展得很好，工作重心也在事业上，导致伴侣关系会受到影响。

我本人是非常看重伴侣关系的，我自己有一个标签叫作平衡人生践行家。因为我清晰地知道，女性除了事业发展要好之外，同时也需要内心的滋养，所以我会非常看重和伴侣的相处。一个女性想要拥有持续稳定的良好状态，稳定的伴侣关系是非常重要的根基。

第五个标准：丰富的人生状态

我们的时间、精力、金钱可能会限制自己没有办法一下子达到自己想要的人生状态，但可以进行阶段性的尝试。比如阅读书籍，可以将阅读书时感到有启发的方法，真实应用到自己的工作和生活当中。

在探索人生的起步阶段，女性朋友们的心态不应该是：我做一件事情，马上就要有很巨大的结果。而是容许自己慢慢去做新的尝试，尝试成功带来的自信心会让你拥有越来越好的状态。

人生常态活法的真相和人生活法新标准都分享给大家了，我希望女性朋友们看到这里，可以对自己的人生常态去做确认，进而接纳自己。然后再结合我分享的新时代女性的人生活法的五个标准，去写出适合你自己的想要达到的标准。

2. 三个角度，找到新时代女性的精彩人生阻碍

相信大家看完前面的内容后，会更加想要规划自己的人生。

接下来，我会从三个角度，重点和女性朋友们一起找到阻碍我们的真实原因，只有找到原因之后，才有可能对症下药。

我们学到的任何方法，最重要的都是把它们用起来，而不是仅仅停留在想的阶段。想象的一切都是不会发生的，只有行动起来，我们才能够拥有真正美好的人生状态。

第一个角度：从自我角度出发

一个人总是无法突破自己，非常大的一个原因是我们总会在不经意间给自己一些消极的暗示。

有超过 80% 的女性朋友，时常都会出现自我质疑的状态。我们质疑自己办不到，很可能的原因是在原生家庭里，我们从小到大几乎没有被自己的父母肯定过。或者是我们成为学生之后，老师也没有肯定过自己。或者是我们的朋友，甚至是另一半，他们都没有表达过肯定和赞扬。质疑可能出现在我们人生的任意阶段、任意时刻，所以，我们

会自我质疑、自我否定真的太正常了。

如何才能消除对自己的怀疑，毫无痛苦地提升内在力量，进而逐渐成为有自信的人？我将会在本章超级自信活法术里进行详细展开。接下来，我想从行动成功和失败的概率这一层面出发，给大家分享面对这样的状态，我们要进行怎样的调整。

这里特别想跟大家分享的一个观点叫作：我们的人生从来不会后悔做一件事情，但一定会后悔不敢做一件事情。

日本一位临终关怀护士大津秀一通过聆听 1000 人的临终遗言总结出了人生最后悔的 25 件事，其中最让人后悔的是"没有做自己想做的事"。美国临终关怀护士博朗尼·迈尔在网上发布了一个热帖，世人生命走到尽头时最后悔的是"希望当初我有勇气过自己真正想要的生活"。二者不谋而合。所以我们即使失败都比不行动要强。

我们做一件事情会面临两种结果：一种结果是把这件事情做成功了，这肯定是皆大欢喜；另一种结果是我们把这件事情给做砸了。

其实做砸了，表面上看起来是失败了，但它何尝不是我们人生经验的一种积累呢？有一句话叫"出名要趁早"，同样道理，试错也是要趁早的。

我在比较早年的时候就开始进行基金定投了，虽然有很多做理财的人的观点是：当我们手上的钱不多时，做理财获得的收益也是很低的。但我想跟大家分享的是：在我们手上资金不多的情况下去做这样的尝试，如果失败了，我们的损失也很少。所以，拥有的不多不是坏事，至少试错成本低。

在此我也鼓励女性朋友们，有什么新的想法，我们都要勇于去试一试。

第二个角度：从他人角度出发

第二个精彩人生阻碍更多是来自他人的一些否定。我常常会收到这样的留言："Angie 老师，我已经想清楚了，我也听了您的课程，看了您的书，我已经下定决心，想要拥有更加积极的人生活法了。但是当我踏出第一步，就遭到了家人的否定还有同事异样的眼光，我就无法继续前进了。"

其他人反对的原因非常多：

- 他人不相信你能办到；
- 内心觉得你现在的状态也很好，不需要那么折腾；
- 自己想改变又不愿意行动，也希望大家一起待在舒适区里；

- 害怕你改变成功了，和自己拉开距离。

总体而言，他人可能觉得自己不敢做过多的尝试，也会从为你好的角度出发阻止你去做更多的尝试。

针对以上情况，我想跟大家分享的方法是：默默努力。没有必要做任何一件事情都跟很多人大肆宣扬，我们做好自己，默默地努力，然后等到有一定成果的时候一鸣惊人，这种效果会更加惊艳，而且我们也会得到更多的掌声。

我想告诉大家的是，任何人都不可能陪你学习一辈子。我们想要的不是信息和知识，而是经过学习和思考，自己得到启发，然后行动起来而得到的结果。

所以，真正有效果的学习都是孤独的。比如这本书，主要的作用是把一些正确的方法以及很好的内容展示在你的眼前。但你能不能接收到并且行动起来，最终还是要靠自己。

第三个角度：从环境角度出发

环境的角度跟第二个他人角度之间的区别是，他人更多的是我们看重的人，他们对我们的意见和看法会对我们产生比较大的影响，环境更多的是圈子的力量。比如，我们加入了很正能量的线下、线上社群。或者是我们想要改变，然后创造生活和工作的环境迎合我们想要获得改变的想法。

我在"时间管理特训营"里提到过微梦想清单，这是我的女性学员特别喜欢的一种提升自我状态、丰富人生可能性的一个小工具。当大家建立了一份微梦想清单之后，很多人会把这份微梦想清单打印出来，贴在我们抬头就能看到的环境当中，比如说办公室或者是卧室，甚至是设置成为手机屏保。

这些到处可见的微梦想清单时刻提醒我：

• 我想要拥有这样的状态；

• 我想要成为这样类型的人；

• 我想要建立这些习惯。

所以环境也是非常非常重要的。

很多情况下，改变尤其是一开始的改变都是非常困难的，因为我们现在所处环境非常舒适，这也是很多人无法改变的最重要的原因。我想跟大家分享的是，任何人都惧怕改变，它真的需要非常大的勇气。所以在此也给看这本书以及看了本书之后，真正有决心要改变的你致以热烈的掌声。

为什么要给你掌声呢？因为你选择看这本书，就已经比还没有选择踏出这一步的人进步很多了。所以我要给大家掌声，新时代女性真的是最棒的一类人群。任何时候，哪怕自己只是取得了一点点的小进步，我们也要进行自我表扬。

那么待在舒适区的人，他内心会有怎么样的心理活动呢？对现状看似是满意的，但又会觉得隐隐不安。如果你刚好也符合这种情况，也不必责怪自己，你现在能有这样一个意识，真的特别棒。比较糟糕的情况是你已经处在这种隐隐不安的状态有一段时间了，但却没有意识到。而再积累到一定程度整个人就会非常焦虑，并且很有可能会出现集中式的爆发。

那调整的方法可以是怎样的呢？我建议大家可以先从每个月做一件从来没有做过的事情开始，让自己较为轻松地跳脱出现有的舒适状态。

比如你从来没有尝试过独自一人去旅行，你可以尝试独自一个人去一个相对近一点的风景区走走看看；如果你从来没有在一个一百人以上的线下活动现场做过分享，可以先尝试在线上，如微信群，进行分享。

总之，希望从此刻开始，在你之后的人生之旅中多去尝试，希望我已经把这样的思维方式植入到你的头脑中了。如果未来遇到类似的场景，你就去收集，然后再给自己安排每个月都去做相对应的尝试。你会发现，自己会慢慢适应舒适区之外新鲜的尝试，同时自信心也得到了提升。

在努力创造和有意识经营的环境中，我们渐渐会不再迷茫。我们每一个人都是在行动中找到自己的方向，并且在行动中让自己的状态越来越好的。

希望以上三个角度，可以带大家破除障碍，升级"打怪"。

3. 人生活法蓝图：开启人生无限可能性

我相信有不少女性会觉得，自己想不到可以进行尝试的新鲜内容。这很正常，不必有心理负担，接下来，我将教你 8 种方法，助你开启人生无限可能性。

第一种：假如生命只剩下最后一天法

问自己："如果生命只剩下最后一天，我会选择做什么和不做什么？"

在时间很充裕的情况下，我们不会去思考这个问题。但是当这个问题被提出之后，你头脑中出现的想要做的事情，可能是你内心最渴望做但又因为种种原因迟迟做不了的事情。

对于那些你不想做或者是不应该做的事情，从现在开始就可以安排尽量少的时间，而把时间用在你最渴望做的事情上。

当你看到这里时，你可以选择一口气读完八种方法，再回过头来按照每一种方法一一写出答案。一定不能不写，不写下来这八种方法一点作用都没有。

第二种：彩票中奖法

彩票中奖法指的是，问自己假如中了巨额的彩票，最想做什么？

很多人是有梦想的，但是每一次脑洞大开地设想自己梦想的时候，都会因为金钱、时间等原因的限制而给自己设限，会觉得"我可能时间不够""我可能金钱不够""我实力不够"。所以彩票中奖法背后的原理就是，希望所有的女性朋友们可以抛开金钱等因素的影响问自己：在资金完全充足的情况下，你最想要做的事情是什么？

第三种：重拾梦想法

建议大家找一个独处的时间段，大约 1~2 个小时，回想自己从小到大有哪些很微小的梦想没有实现。比如，你喜欢画画，但因为上学后学业繁重而搁置了，类似的情况可以写下来。请记住不要去思考梦想的好坏以及是否能实现，只要想到了，就写下来。

写下来之后问自己，如果有时间、有实力去做，它们的排序会是怎么样的？

排名靠前的 1 ~ 3 件事，可以作为接下来进行尝试的重点。

第四种：未来自己法

想象十年后的自己：

你希望十年后自己是什么样子的人？

你的孩子是什么样子的？

你的人生是什么样子的？

你会站在什么地方？

你去过哪些城市？

你做过哪些探索？

你的事业会是什么样子的？

认真回答以上 7 个问题，然后从答案倒推回来去面对现在的自己，用这种逆向思维的方式思考现在要怎样安排自己的人生。

比如"你希望十年后自己是什么样子的人"这个问题，你的答案如果是希望十年后的自己是一个阅历丰富的人，而真实的自己却是一个喜欢待在舒适区的人，那对应需要做的改变是做一个"如何成为阅历丰富的人"的计划，这个计划可以是每年去旅游，也可以是每个月接触不同领域的有趣的人……真实的行动才有可能带我们去到想要的未来人生状态。

第五种：巅峰过往法

巅峰过往法的意思就是指我们每个人或多或少都做过一些让自己觉得骄傲的事情。比如说我把自己的孩子带得不错，或者是我在职场上快速升职。这个方法需要我们去回忆自己的高光时刻，写下自己觉得还算不错的成就事件。

如果实在想不起来，就按照时间轴进行回忆。比如回忆从大学开始到现在有哪些高兴时刻，把想到的每一件事都写下来。甚至可以去翻一些相关的文字和照片来辅助我们进行回忆。当我们把过往的巅峰事件写下来之后，还要问自己面对现在的状态，怎么样去找回那时的激情，以及怎样规划自己的人生。

第六种：优势法

优势法是指从我们做成的一件又一件事情里提炼出我们优于周围人的能力。每个人活在这个世界上都或多或少做成功过一些事，也许是因为自己没留意，也许是因为事情太小被自己忽略了，导致我们没有及时肯定自己。

以我自己为例，从过去的巅峰事件里，我提炼出来的能力包括时间管理能力、副业赚钱能力等等。

我们要先找到自己的能力优势，再把掌握这些优势的方法归纳出来分享给他人，在帮助他人的同时能够进一步强化自己的能力优势。

第七种：榜样上身法

榜样上身法是指学习你目前欣赏的一些女性榜样。学习她们有哪些行为举止、特质、兴趣爱好等。你可以集中向一个榜样学习，也可以每个方面都找到不一样的榜样进行对标学习。

我有不少学员和读者告诉我，她们把我当作自己的榜样，当自己想偷懒的时候，就会激励自己：榜样都那么努力，我怎么可以偷懒呢？

这个方法还是挺有效果的，我自己也多次用过。那么，如何去找这些榜样呢？

当你看到榜样这个词的时候，你头脑当中出现的第一个人，她就是你想要成为的样子。你可以把她的名字写下来，并且用一些话去描述她，比如她身上哪些特质吸引你，她现在在做什么事情，你想从她身上学习到什么。

榜样上身法是一个非常好用的方法，当你在写自己未来的梦想的时候，你可以用榜样上身法问自己：如果是我的榜样去写她自己未来的梦想，她的梦想是不是会比我的更大、更有可能性、更有趣、更有挑战性。

有时候我们想不清楚一个问题的时候，可以借助别人的大脑去思考问题，也许能得到一个更好的答案。

第八种：反义词改写法

每个人都有缺点，你可以把这些缺点写下来，然后问自己这些缺点的反义词是什么，比如说懒惰的反义词是勤奋，放纵的反义词是自律。为我们身上自己最不喜欢的特质找到相对应的反义词，这些改写的反义词极大概率是我们特别想要拥有的人生状态。从这个角度出发，去写下自己的想法，你会发现，理想的人生与你近在咫尺。

以上是我们绘制人生活法蓝图的八种方法，我们要为每一个想出尽可能多的答案，至少是 1～3 个。然后，把这些答案里面反复出现的 3～5 个关键词圈出来，这 3～5 个关键词所对应的你的想法、事件、人物，与你最想要的人生活法密切相关。

如果你是第一次听到这个新鲜的概念，那对自我要求不要太高，如果能一步到位写出最精彩的、最心动的答案当然最棒，但能开始写和写得出来才是最重要的。规划太长远的人生蓝图实现起来难度太大，所以建议大家只规划 1～3 年的人生蓝图。

但如果你本身已经学习了一段时间，那你可以尽量写得更全面，让自己尽可能地在这些问题的指引下得到更多答案。

下面是我自己最开始思考和实践的人生活法蓝图践行表，分享给大家，期待女性朋友们可以从这个表格里得到一些启发。

人生活法蓝图践行表

人生活法蓝图计划	理想模样	第一步行动
重拾阅读计划	广泛阅读各种书籍	每天阅读喜欢的书籍 30 分钟
写作记录生活	成为一个爱写作的妈妈	记录生活的趣事
科学育儿方法的研究	科学育儿达人	把学到的方法用在孩子身上

第一个方面：重拾阅读计划

我自己理想的模样是成为一个广泛阅读各种书籍的人。这样的话，我的大脑会处在一个对各类知识都充满新鲜感和渐渐将它们建立起框架的状态。

针对这个理想蓝图，我选择从每天阅读三十分钟自己喜欢的书籍开始做起，同时对这个小目标又进行了拆解，变成了具体可行的行动方案。在这里提醒大家非常重要的三点：

第一点：保持每天都要做同样的一件事情。因为只有每天都做才能养成习惯，成为习惯之后，你不做都会觉得不舒服。

第二点：一定要从阅读喜欢的书籍做起，这样才能有兴趣把这件事一直做下去。为什么要先读喜欢的书呢？因为很多人一听到有人说阅读的好处多，自己也想培养阅读的习惯，然后就开始阅读别人推荐的专业书或者是一些比较烧脑的经典书籍。阅读这些书非常重要，但是在最开始培养阅读习惯的时候，我们要降低门槛，才更容易坚持下去，直到养成习惯。

我自己阅读习惯的养成是从看各种各样的小说开始的，因为我非常喜欢一些职场小说或推理小说，从阅读这些书开始，会相对容易养成阅读习惯。

第三点：定量的阅读时间。开始时阅读时间不宜过长，最好不超过 30 分钟，如果时间过长，那很可能就完成不了了，总是完成不了，就会想要放弃。

当然，如果你觉得三十分钟太长也是可以调整的。比如先调整成十分钟，重点是每天都完成，才能培养我们的阅读习惯。

第二个方面：写作记录生活

我自己的理想模样是成为一个爱写作的女性。当有这个想法的时候，刚好结合了我是妈妈的身份，所以写作的方向就是与育儿相关的文章。

我的行动是记录并描写我和孩子之间在生活中的一些有趣的事情，在这个环节，我不要求自己文笔有多好，只是简单地进行一些记录就好。

我身边有不少妈妈，每年年底都会为自己的孩子制作当年的相册。对比起相册，我更想用文字形式去记录我和孩子之间发生的生活趣事。而且因为这样的记录，我发现了儿子身上有非常多之前没发现的亮点。

我在记录之前完全没有发现他对数字感兴趣。但是当我在写作中描述我跟他的生活趣事的时候，我发现当我跟他念数字的时候，他特别兴奋。

第三个方面：科学育儿方法的研究

每个妈妈在怀孕之后几乎都会去研究各种各样育儿的方法，我也不例外。我想成为一名科学育儿达人，我会把自己在书上、课程中学到的方法马上用在我的孩子身上。

我们的人生活法蓝图计划是可以结合起来的。比如，阅读计划，我会阅读和育儿相关的一些书籍。写作记录生活：我可以把阅读学到的一些方法贯彻到科学育儿概念里，实际运用到我的孩子身上，再通过得到的一些观察和反馈，把它写成育儿文章。

我最开始打造个人品牌的时候，有一个身份就是科学育儿专栏作家。这就是我在最初给自己规划的人生活法蓝图的指引下行动带来的成果。虽然我现在已经很少写育儿文章，但是正是因为写作能力的提升，我才有了后来的很多故事，大家也才有机会看到我出版的这本书。

4. 超级自信活法术：一个工具，打造女性独特自信力

《北京遇上西雅图》里有一段经典的台词：唯有你愿意去相信，才能得到你想相信的。对的人终究会遇上，美好的人终究会遇到。只有让自己足够美好，努力让自己独立坚强，这样才能有底气告诉我爱的人，我爱他。

任何时候，我们都要学会相信自己、获得内心自由。试过自卑、内向地生活，也体验过勇敢自信地探索自己的人生，无疑，我更喜欢后者。

你的自信心变强、内在能量丰盛之后，会让自己相信自己、指导自己做成更多事情。

孩子如果是在这样的环境滋养下长大，自身的状态也

会非常好。我儿子就是在这样的环境滋养下长大的，我观察发现他在跟其他小朋友接触的过程当中，基本不会惧怕，大部分时候是落落大方的。

我相信只是从成为孩子榜样的角度出发，女性朋友们都会有足够的力量成为自信的人。其实，女性朋友们非常需要由内而外地提升自信力，因为各种各样的原因，很多父母都会告诉我们女孩子：要乖，要保持安静，不要抢风头等等，让我们采取相对内敛的行为方式行事。

要怎样做才会越活越自信呢？我给大家分享一个工具：自信力日记。

我期待女性朋友们在看到这部分的内容之后，可以从今天开始去写自信力日记。这真的是投入产出比非常高的一个习惯，它的底层逻辑叫作注意力聚焦，坚持写了之后会给自己带来源源不断的内在自信力量，更重要的是它做起来还非常简单。

我们每天都会遇到各种各样的事情，有一句话叫"人生不如意之事十有八九"。也就是说，我们每天遇到的糟糕的事情其实是不少的。写自信力日记是通过这么一个行为把我们的注意力集中在能够让我们自信的一些相对正能量的事情上。

我的学员中，有的学员看到其他人比自己优秀就会焦虑，觉得自己不如别人。

但是乐观正向的学员思维却是完全不一样的，他们会觉得这个圈子好有能量，比我优秀的人原来那么多，这个世界比我想象的大太多了，我有无限的进步空间，我要一边学习，一边与大家建立连接，然后逐渐让自己成为想要成为的那个样子。

看到正能量的事情，会让我们进一步把自己的目光聚焦在更加正向的事情上，对于同一件事情，因为我们看这件事情的角度和思维不一样了，它发展的方向会大相径庭。

大部分事情本身是没有好坏的，我们看待它的角度决定了它是一件好事还是一件坏事。我们不能改变事情本身，但可以调整和改变自己的思维和看待问题的角度。看到这一段，我相信很多女性朋友们会释然。我希望你们都可以相对正向地去看待周围发生的任何事情。

写自信力日记，最大的目的是会给自己带来源源不断的内在自信力量。自信力日记该怎么写呢？我将会从时间、数量、质量、维度四方面分享写自信力日记的方法。

- 时间：有两个时间节点，最优质的时间节点就是睡觉前，第二个节点是下班的时候，尽量不要把自信

力日记放在第二天来写，因为在第二天写的效果没
有那么好。

- 数量：我们每天写 1~3 件事情就好。
- 质量：不要担心事情小，但一定要正向。

这样的 1 ~ 3 件事情可以小到像是走在路上被别人问路
后对方向自己表示感谢，也可以是做了一个新的尝试，或
者是在工作中老板随口的一句表扬，我们都可以写下来。
也就是说最开始自信力日记的内容以能写出来为主，不苛
求一定是多么有意义的事，数量也不要太多，以免写起来
难度太大，进而放弃。

最开始使用这个工具的时候，有些人会觉得太难写
了，总认为要很重要的事情才可以写下来。跟女性朋友们
再次强调一下，在自信力日记里写下多小的事情都没有关
系，事情不在于大，而在于它能滋养我们，让我们越来越
自信。

- 维度：建议大家将自信力日记内容涵盖广泛一些，
  可以包括自我管理、职业发展、身体健康、亲子关
  系和亲密关系等维度。

我在写自信力日记时常写的三大维度：自我、关系、
亲子陪伴。

第一个维度：自我

自我这个维度更多地呈现在我的事业以及我的个人成长上。比如，今天我给自己定的目标是阅读 30 分钟，后来遇到一本好书，足足看了 3 小时，真是酣畅淋漓。

再比如我非常喜欢吃蛋糕，正常情况下我也不敢多吃甜食，但今天开心，我想要奖励自己，不仅吃了蛋糕，而且吃到了一块超级美味的蛋糕，心情瞬间美极了。

第二个维度：关系

关系包括伴侣关系、同事关系、朋友关系等。比如和伴侣吃了一顿烛光晚餐，看了一场电影；和同事合作的项目超级完美地落地；和一个许久未见的朋友喝了下午茶等。

第三个维度：亲子陪伴

如果你是一个妈妈，这个部分有很多点可以写到自信力日记当中。可以是亲子陪伴的时间：这个周末终于不用加班了，可以全身心陪伴孩子。

或者亲子陪伴的质量：虽然陪伴孩子的时间没有以前多，但是今天陪伴孩子的时候，我们两个一直笑得很开心。

或者是发现孩子某些方面的成长：孩子居然可以独立吃饭，独立阅读等类似的内容。

本章内容解说了普通女性的五种人生常态活法真相和新时代女性的人生活法标准，你现在的状态属于前者还是后者，你想成为前者还是后者？想活出自我的新时代女性朋友们，可以从自我、周围人以及环境三个角度寻找目前无法突破的原因。

其实不仅是女性朋友，每个人都是如此，只要有了自信状态，我们对自己人生拥有更多可能性的信心就会更足。

我们要对一件事情有信心，这样的信心会带着我们把事情更好地往前推进。建议大家一定要每天花 10 分钟时间，从 1～3 个维度写一篇自信力日记，期待大家可以行动起来。

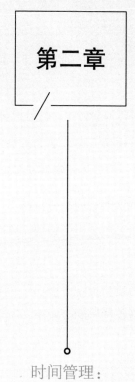

第二章

时间管理：
新时代女性必修的
时间管理术

在我看来，时间是完成一切事情的基础。所以，时间管理是人人必备的一项技能。试想一下，如果现在我跟你说，在接下来的时间里，我可以给你完全充足的时间，让你把要做的事情安排在充足的时间里，你会不会就没有那么焦虑了？

我现在管着两家创业公司，同时又是两个孩子的妈妈，按理说我应该是最焦虑、最忙乱的一类人了，但是我的时间管理能力非常强，所以我的整个人生非常有秩序。

无论学习任何技能，如果内心并不认可要掌握的这个技能的重要性，那么你学习的热情，可能很快就会被消磨掉。

大家最开始买这本书的时候，我相信也一定是下定决心要把书里的干货都榨干和吸收干，所以我希望女性朋友们在笔记本上写上这么一句话：我一定要非常认真地看完这本书，并好好实践书中的干货方法。

如果你能够做到这一点的话，我坚信，当你合上这本书的时候，一定会比以前状态更好，能量更足。

1. 睁眼忙到睡，普通职场女性最容易掉入的
    时间管理黑洞

　　现代女性朋友们最容易掉入的时间管理黑洞叫作睁眼忙到睡。你有没有相同的痛点？

　　女性真的是一个非常棒的群体，我们特别不容易。我们也想要拥有更多的人生可能性，所以我常常会进行自我鼓励，也常常花很多的时间和精力去鼓励我身边的女性朋友们。

　　我非常喜欢的美国著名投资家查理芒格，他有一个观点叫作：反过来想，总是反过来想。

　　"如果要明白人生如何得到幸福，首先是研究人生如何才能变得痛苦；要研究企业如何做强做大，首先研究企业是如何衰败的。"

　　我将用逆向思维带领大家一起来学习和思考，我们总是从睁眼忙到睡，从正向的角度不一定能够发现问题，但如果反过来想，破解时间管理的黑洞之后，时间的使用效率反而可以得到成倍地增加。

　　如何用逆向思维找到女性朋友们的时间黑洞？其实，时间黑洞就像是一颗种子，在你完全不了解这个概念之前，

你不会有意识去找让自己的时间使用变得低效的黑洞事件。每个人的时间黑洞是完全不一样的，所以首先每个人都要对时间黑洞的范围去确定属于自己的标准。确定标准之后，你会在平时使用时间的时候意识到：哦，原来这个就是我的时间黑洞了，然后才有可能对时间黑洞做调整。

调整的方式其实就是针对时间黑洞的具体行动对策，不要把这个对策停留在自己大脑里，而是用清单的形式把行动对策写下来。不是说我们每次遇到事情都要把清单拿出来看，而是通过清单的方式把自己头脑当中的想法写清楚。当我们再遇到相关问题不知道该怎么办的时候，记得按照清单上写下来的方法行动。

那么，我身上最大的时间黑洞是什么呢？

我是一个入睡超级困难的人，我最大的时间黑洞是，超过晚上十点钟我还没有洗漱完毕，把手机放在客厅，进入卧室休息，那天晚上我就非常容易失眠。

所以我针对自己身上最大的时间黑洞的对策是：一定要在十点钟之前让家人协助我带孩子，我去洗漱，接近十点，我会把手机放在客厅，进入卧室开始看书，往往看 10来分钟就会出现困意，然后倒头就睡。

我清晰地把每个步骤都写入到清单里。一开始我严格按照清单上的步骤来执行，但现在我不需要看清单都已经可以执行得很好了。整个过程是这样的：

第一步：找出自己的时间黑洞；

第二步：根据这个时间黑洞，写下详细的执行步骤清单；

第三步：严格按照步骤清单执行；

第四步：让步骤成为自然而然的习惯。

如果你和我一样刚好有同样的时间黑洞，不妨参考我的方法。当然，每个人的时间黑洞不一定是相同的。

如果你看到这里还不太清楚自己的时间黑洞是什么，那你需要从明天开始有意识地去观察，找到影响自己时间使用效率的时间黑洞或者是常出现的时间黑洞。本书将会以三类常见的时间黑洞为例进行讲述，供大家参考：

第一类：情绪类时间黑洞

很多女性朋友最常出现的情绪类问题叫作后悔，比如我又对孩子发火了。如果你刚好也是如此，来看看我是怎么解读后悔情绪的。

我在之前也会时不时对孩子发脾气，然后马上会后悔。后来我意识到自己有这样的时间黑洞之后常常在发脾气之前，或在发脾气的过程当中我就能觉察到自己快要发脾气了或是自己正在发脾气。

当觉察之后，我使用过非常多的方法，比如马上离开当下的环境或者是不断跟自己说"哎呀，这个真的没有什么好生气的，别吓到孩子"，诸如此类的自我暗示。当然更重要的是，我会仔细分析孩子究竟做了什么事情最容易让我情绪不好。

比如说孩子总是忘记吃饭前洗手，你担心孩子因为不卫生导致拉肚子，会对他发脾气。仔细分析后，我们要做的根本不是责备孩子，而是想办法去培养孩子养成洗手的好习惯。我的方法是言传身教。以讲故事的方式告诉他，养成饭前洗手的习惯对健康的好处和坏处分别是什么，而且每次吃饭前和他一起洗手，在他忘记洗手的时候，温柔而坚定地提醒他，而不是责备他。这样做了之后，孩子很快就养成了饭前洗手的习惯。

很多时候，事情本身都是小事，加入了情绪才变成了大事。这里我针对每一个行为都会简单举个例子跟大家分享我是怎么做的，虽然每个人的情况不尽相同，但使用的底层方法是完全一样的。

第二类：行为类时间黑洞

行为类时间黑洞又称选择困难症，我身边有非常多的女性朋友跟我分享过自己有选择困难症。我自己也是，很多人都不相信我也有选择困难症，在大家眼中，我是一个非常有决断力的人。事实上我在工作状态下确实是比较高效果断，但是在日常生活当中常常会出现选择困难症。比如说给孩子买衣服，不知道最终挑哪套好。

我自己的应对方式是两套衣服都买了，买回来不合适还可以退回去。最怕的就是一直在比较哪个更好，然后浪费掉大量的时间。或者我会直接把两个链接发给我老公，让他帮我选一套。我老公也知道我有选择困难症，所以他还是蛮配合我的。

我知道不少女性朋友也有选择困难症，面临的选择还可能是更困难、更大的人生问题，比如要在公司做员工还是辞职在家带孩子。我自己的应对策略是，让对应的人帮我选择。

其实找谁也是我做出的选择，但我选择他人帮我做决定的时候，前提是我相信他。但有学员用了我这个方法后告诉我，她也让老公帮自己做选择，但是她老公选了后，她又不接受。

其实所有的选择权最终都是在自己手上。大家关于人生的思考权和主动权都应该掌握在自己手里。当你有了这种主动的思维之后，比如你选择在家带孩子，那么你在带孩子的过程当中遇到一些情绪或者是其他难题的时候，就不会自暴自弃，或者总是抱怨。

很多时候，难的不是做选择，而是做了选择之后为这个选择负责，希望每一位女性朋友做任何选择时都应清晰地知道，这都是自己主动选择的决定。

第三类：关系类时间黑洞

我身边不少女性朋友非常介意别人对自己的看法，所以做一件事情总是反复思考别人会怎么想，而我更看重的是做一件事情会不会影响到双方之间的关系。

在遇到做一件事情需要考虑会不会影响到双方的关系时，我自己的应对策略是，一旦我会犹豫考虑它是否会影响到双方的关系，我会选择暂时不做。因为犹犹豫豫是非常伤神的。我们在思考的当下会产生内耗，所以我先下一个定论，然后让这个定论在我身上发酵几天。如果发酵几天之后，我还特别想要做这件事情，那我就会去思考，用什么样的方式去做这件事情才可以把对双方关系的影响降到最低。

如果你和我列举的三类时间黑洞情况不尽相同，但是还是想不到自己的时间黑洞是什么，我们来看看如何不断厘清自己的时间黑洞。

你看了上面的内容，已经在自己的头脑当中种下时间黑洞这颗种子了，我们需要让这颗种子发酵，进而识别出每天会遇到哪一类型的时间黑洞问题，把它记录下来并且进行梳理，写出应对的步骤清单。

我们不需要每天都去关注这些时间黑洞，而是每周选一个固定的时间，从平时已经收集到的时间黑洞问题里挑出 1～2 个来思考和建立清单。

因为发生问题的当下会有比较多的情绪，所以不要着急去解决问题，远离这些时间黑洞发生的场景，反而更能够冷静地处理好或者思考出这些问题应对的策略。当然，有时候我们日常的生活智慧可能没有办法把时间黑洞对应的解决方案想得很全面。

那么就需要我们在日常生活中，产生与解决时间黑洞问题相关的灵感或者是好的方法时，进行不定时的更新，把这些方法写到清单列表当中。

接下来，针对时间黑洞梳理，给大家三个建议：

第一，思考你的现状。问自己一个这样的问题："我的时间黑洞是什么？"比如，我的时间黑洞问题是：我和另一半吵架了。

第二，捋一捋你的想法。也就是问自己：究竟是怎么想的？比如，你可以问自己为什么要吵架？真的有必要吵架吗？有没有更好的解决方式？

当我们向自己发问时，就是在引导自己去解决问题。如果没有向自己发问，很有可能就会把焦点放在这个问题本身上，而不是放在如何解决问题上。

第三，拟定行动计划。其实就是列出即将采取的行动计划清单。比如，找时间跟伴侣聊一聊引发吵架的根本原因；然后，增加与伴侣沟通的频率；除此之外，也要引导伴侣在吵架的时候多从对方的角度思考问题。

还有一个行动计划是让自己忙碌起来，这样就可以减少胡思乱想。忙是治疗"神经病"的最好良药，这句话对任何人都是受用的。

我以前很空闲的时候，真的是三天两头都要找别人的麻烦。但现在我非常忙，所以我先生常常调侃说，在我创业之后，我们的关系真的更好了，因为我"正常"了很多，不再像以前一样情绪化。愿你也能找到自己的时间黑洞，并一一化解它。

2. 一页纸时间管理术：重新夺回人生秩序感

一页纸时间管理术适合任何想要提升自己时间使用效率的朋友，尤其适合女性朋友们。什么叫一页纸时间管理术呢？简单来讲，就是将所有的任务都写到一张纸上。

时间管理中有一个非常好用的方法，叫作每天重要三件事。这个方法在我的另一本书《副业赚钱》里有详细的展开，概括来说就是每天写下最为重要的三件事，确保这三件事都能够顺利完成。

但是对女性朋友们来说，我自己亲身实践的感受是，我们的事情真的太多了，每天重要三件事还远远不够，所以更适合大家的是一页纸时间管理术，就是把所有的任务都写到一张纸上。

一页纸可以是你的笔记本的一页纸，也可以是云笔记的一页纸。我自己已经践行这个方法非常久了，接下来我会以自己为例，把这个方法进行拆解，让大家能够更直观地掌握这个方法。

第一步：建立适合自己的框架

如果你是第一次听说一页纸时间管理术，你可以选择直接使用跟我一模一样的框架，把一天要做的事情划分为工作、生活和个人成长三类。

一页纸时间管理术

工作
1. 回复邮件
2. 给客户 A 打电话
3. 开会 30 分钟，讨论下一步计划
4. 构思新项目文案
生活
1. 淘宝付款购买孩子的衣服
2. 给妈妈打电话
个人成长
1. 阅读 30 分钟

如果你是全职妈妈，那你的副业就是你的工作，如果你没有副业，可以把为主业做的准备和学习定位在与工作相关这一类。你会发现这样的定义，让自己在生活和个人成长之余有了特别想要做的事情，自己对生活有了更多的期待。

当然你也可以不按照我的框架展开，直接写上属于你自己的框架。比如你认为亲子关系非常重要，可以把亲子关系列入框架列表。

每天早上一起来就按照工作、生活和个人成长三个类别分门别类地填写一页纸时间管理术任务表，如果当天遇到一些新的任务再进行更新。

第二步：完成后打钩，并进行简单总结

完成后打钩是为了获得成就感。其实女性朋友很容易因为每天要处理的琐事太多而丧失了成就感，这也是一页纸时间管理术把三个类别的所有事情都写进去的目的所在。我希望大家能够意识到自己做的每一件小事都在建构我们的整个人生。

那为什么还要进行总结呢？因为会有很多女性朋友跟我分享自己运用一页纸时间管理术的时候非常贪心，每天都写很多的任务在这三个类别里。然后发现每天晚上做总结的时候，打钩的部分非常少。

想要跟大家强调的是，我们不要太贪心，因为女性朋友们一贪心就容易焦虑。当然任何人都是容易贪心的，我希望所有人都可以诚实面对自己。比如，你今天在一页纸时间管理术里面写上 30 件事，到了晚上的时候只能完成 10 件，那我建议你在总结的时候砍掉 20 件事情，明天写上合理的条数。我们列任务最重要的是完成任务，而不是做低水平的勤奋，完成比列任务更重要。

如果你总是完不成，你一定会对自己的人生产生怀疑。

接下来我们来讲一个非常重要的工具：30 分钟分界线。这是我根据女性朋友们的时间比较容易碎片化的特点，而加入的时间管理概念。

30 分钟分界线的意思就是，如果完成一个任务的时间超过 30 分钟，就要进行任务的拆分，而且还要对拆分的任务进行标签化，以便更好地进行一页纸时间管理术计划的罗列。

怎样进行任务拆分呢？接下来，以文案、写作和旅游攻略为例进行讲解。

超过 30 分钟的任务拆分

任务	拆分定义
文案	构思、创意、框架……
写作	选题、搜索资料和罗列框架、写作和修改……
旅游攻略	机票、酒店、路线、旅游准备清单……

文案，如果要按照 30 分钟拆分，我可以把它分成：构思、创意的填充或者是创意的思考以及框架的整理等；

写作，选题为第一个 30 分钟；搜索资料和罗列框架为第二个 30 分钟；开始写作和修改为最后一个 30 分钟；

旅游攻略，订机票、酒店为第一个 30 分钟；规划整个旅游路线为第二个 30 分钟；旅游准备清单为最后一个 30 分钟。

因为是举例子，我相对拆分得比较细。如果你发现其中某两个环节做起来非常顺畅，也可以把它们合并，放在一个 30 分钟里。另外，30 分钟的时间可以根据每个人的情况来进行调整。比如，你判断自己比较完整的、比较高效的整块时间是 20 分钟，那你就可以改成 20 分钟分界线。

如果你发现自己可以专注 40 分钟，也可以改成是 40 分钟分界线，这个都是可以自由地进行调整的。

但真实情况是，我们还会遇到很碎片化的时间，比如说可能有需要 5 个 6 分钟完成的碎片化的任务，这种情况可以归类为 30 分钟以内的碎片化任务。我把它定义为标签 1。

第二类是本身这个任务就是 30 分钟左右可以完成的，可以把它定义为标签 2。

第三类是被拆分成 30 分钟的任务，可以定义成为标签 3。

三个标签，分类你的任务

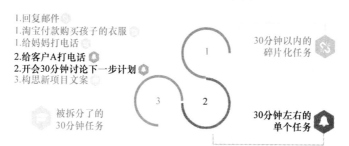

1.回复邮件
1.淘宝付款购买孩子的衣服
1.给妈妈打电话
2.给客户A打电话
2.开会30分钟讨论下一步计划
3.构思新项目文案

30分钟以内的碎片化任务

被拆分了的30分钟任务

30分钟左右的单个任务

当你把任务进行标签拆分之后，它会变得非常清晰，一开始你肯定会不习惯，但你执行很多次之后，它就会变成你头脑当中一个潜意识行为了。

比如你突然临时多出一个 30 分钟时间，但你发现这个
三十分钟时间自己状态比较一般，那就不建议你去处理 30
分钟左右的单个任务或者是被拆成 30 分钟的任务。这个时
间以用来处理 30 分钟以内的几个碎片化任务，利用这个相
对不高效时间去做碎片化任务。

我在两年前研发出来一页纸时间管理术，一直使用到
现在，也希望每一位女性朋友都可以把它用起来。用好它，
人生的秩序感和成就感都会得到很大提升。

3. 第三空间时间管理法则：新时代女性如何赢得个人成长时间

我在和不少女性朋友聊天时，都会建议大家留给自己
的独处时间。新时代独立女性除了经营好外部关系之外，
也要重视跟自己相处的时间。

我相信每一位女性朋友都希望自己变得优秀、自信，希
望自己成为孩子的榜样。我不是号召大家去跟别人比，而是
鼓励大家做好我们能做到的，以更好的姿态和智慧去应对生
活当中出现的各种难题，向高效、乐观的智慧女性看齐。

基于此，我创造了一种自我管理的法则，叫作第三空间时间管理法则。这个概念重点是第三空间，我们要找到属于自己的真实或者虚拟的第三空间。

先跟大家分享一下，第三空间的思路是怎么出现在我脑海里的。这个事情发生在我在外企工作的那一年多的时间里，因为每天下班都很早，大概是六点钟就到家了，然后带孩子洗澡、玩乐到他睡着，时间非常长。有时候我就会觉得好累，再没有时间和精力去做自己想做的事情。

后来我灵机一动，每天六点到小区之后，先在小区楼下的椅子上看书。我发现通过这样一个简单的调整，虽然是晚半个小时回家，但是整个人的状态好了很多。这半个小时就是我为自己找到的第三空间，在这段时间里我可以专注看书，调整状态。

那怎么样才能找到第三空间，有效运用第三空间时间管理法则呢？接下来我将分享在我们最常出现的两个地方——公司和家里如何找到第三空间。

第一，在公司找到第三空间

在公司找到第三空间有两个维度：一个维度是在工作环境当中找到第三空间；另一个维度是在公司的附近找到

第三空间。

我自己在职场待了七八年的时间，对职场环境也有相应的了解，而且这些方法都是我亲身实践过的，相信你一定会找到一个适合你的第三空间。

第一个维度是在公司当中找到第三空间。这里会有以下几个建议，比如你可以在会议室找到第三空间，或者你真是哪里都找不到真实的第三空间，你要为自己创造出第三空间，比如戴耳塞、提前一小时到达公司。

会议室这个场景怎么来实现呢？在看到会议室没有人在开会的时候，你可以去会议室工作。或者在开完会之后，跟同事们说你们先走吧，我还有一点事情在会议室处理完再走，这样你就为自己创造了非常充分的第三空间了。

戴耳塞很好理解了，买一个隔音效果比较好的耳塞，如果你们公司是不允许戴耳塞的，可以用无线耳塞。

提前一小时到达公司也是非常好的创造第三空间的方式，而且这个时间真的非常宝贵。以前在职场的时候我都会提前一小时到达公司，我总是最早到公司的。自己创办企业之后，我依然是最早到公司的，一直保持着这个习惯。

我非常享受和珍惜自己提前一个小时到办公室的时间，可以很好地去做复盘和规划，可以在这个大块的时间完成自己特别想要做的事情，也可以把它拆分成 1～2 个小块，比如说相对大块的时间用来进行学习，相对小块的时间用来做进入工作状态之前的清单罗列或者是状态的转换。

大家可以根据我的建议，结合自己的实际情况，在公司找到这样的第三空间。

当然，在公司找到第三空间法则不是说我们去到办公室之后就不跟自己的同事去进行社交了，而是你可以进行更合理高效的安排。

第二个维度是在公司附近找到第三空间。可以在午休的时候到公司周围散步，或者是下班之后到公司附近的咖啡馆或者是公园，找到自己的第三空间。

我身边有不少妈妈朋友，下班的时间相对早一些，如果选择直接回家，所有的时间都被孩子占据了。其实在这段时间里，有些相对琐碎的生活事件无须事必躬亲，可以跟家人协商分工，然后利用这段时间来学习。条件允许的情况下，可以在公司附近找到一家咖啡馆，在咖啡馆里找到第三空间进行专注的学习。

以上所有的建议是要告诉大家，你可以有这样的思路，如果你真的做不到也不用强求或者是纠结，把注意力放在能做到的事情上就好。

我在教学的过程当中发现，学员非常喜欢把自己的注意力放在自己没办法做到的事情上，然后纠结、懊恼，陷入各种各样的情绪，或者是觉得自己能力不够。聪明的做法不是注意那些自己无法办到的，而是把能做到的做好。

第二，在家中找到第三空间

在家中找到第三空间也有两个维度：一个维度是在家里找到第三空间；另一个维度是在家附近找到第三空间。

家里找到第三空间分为早起 / 晚睡时间，或者找到一个相对独立的空间，比如书房或是入户花园。

有学员听完我这个建议之后，开始把自己每天早起之后的时间用在书房。结果她发现孩子本来每天要睡到七点半的，因为自己早起，孩子也变成六点半就起床了。我给她的建议是，起床之后就不要去书房了，而是用听的形式来进行学习，这样依然陪伴在孩子的旁边，可以保证孩子的睡眠。

当然，如果条件允许还是要有独立的空间。因为在卧室进行学习，只能通过听的方式进行，学习形式太过于单一了，而且你也会怕自己的动作干扰到孩子，因此每个人还是根据自己的情况来确定。更重要的是你要有这个意识，把第三空间的概念利用起来。

另外就是在家附近去找第三空间。这里可能是你的小区，可以参考我发现第三空间的思路；或者是你家附近的咖啡馆。

我建议女性朋友，在条件允许的情况下跟家人协商，在周末的两天时间，给你放小半天的假，然后你可以去咖啡馆进行学习或者找朋友逛街、看电影，真的是非常滋养自己的一种方式。

找到适合自己的第三空间的步骤：

第一步：罗列你认为可行的第三空间的场景。一想到就把它写下来，不要管最终实现会不会遇到阻碍，先把它写下来，因为有时候敢想就能实现。

第二步：罗列任务清单，逐个进行尝试和调整。当你把第三空间在公司和家中固定下来之后，可以为这个第三空间准备要做的任务。因为不同时段的第三空间对应不同的环境，会导致你要做的事情完全不一样。

比如环境嘈杂，你可能适合听一些简单的音频课程。再比如你工作了一天回到家，给自己预留了 30 分钟在小区楼下阅读的第三空间，就适合看一些相对轻松的内容，而不是劳累了一天之后还看脑洞大开或是很烧脑的书。

当你确认可行之后，就把第三空间和任务完全对应和固定下来，然后一拥有这样的第三空间，你就马上找出相对应想要学习的个人成长的任务去执行就好了。

第三步：在第三空间，关闭手机网络。第三空间最大的阻碍是手机。有学员说"老师，我真的按照你的方法找到第三空间了，但是我抑制不住想要去使用自己的手机"。那是因为你还没有享受到每天固定拥有第三空间的那种愉悦感，也就是你没有获得好的反馈。

我真的是非常珍惜每一个第三空间，而且我一进入第三空间就赶紧把手机的网络给关了，所以每一次都非常非常专注。

很多人不愿意关闭自己的手机网络，会认为关闭手机网络后，其他人会找不到自己。如果对方找你真的很着急，会给你打电话的，所以你完全不用担心别人找不到你。因此在第三空间的状态下，可以关闭自己的手机网络。

最后，关于第三空间任务清单，给大家以下建议，如下表。

时间 状态	长	短
好	进行烧脑学习，比如专业书的阅读、写作等	快速阅读或者是整理资料等
一般	选择相对放松的安排，比如学习或者跑步	活动身体、看一些文章或者读一小段小说

4. 女性专注力：新时代女性如何提高自己的专注力

很多女性朋友有这样的经历，工作了一天，晚上回到家里，好不容易陪孩子吃完饭、读完绘本、洗完澡、哄睡完毕。自己坐在书桌前，准备开始一个小时的自由学习，周围明明没有任何人打扰，但是面对手上的那本书，自己就是一点都看不进去。

这时候，头脑里出现各种各样的想法：比如今天早上在上班的路上，我看中的那双儿童鞋，虽然加购了却还没付款，我得赶紧先去付个款。再比如，明天到公司之后一定要记得跟老板沟通一个员工的情况。

你坐在书桌前，没有任何人打扰自己，但注意力却一点都集中不起来，我不知道这种情况会不会发生在你身上，以前的我，常常有这样的经历。

当我想到购物车还没有付款的那双鞋时，我会放下自己手中正在阅读的那本书，去付款。接下来的事情就完全失控了，我会无法抑制地逛起淘宝。一个小时的时间很快就过去了，然后我会感到非常内疚但是又无能为力，因为时间是不可逆转的。

最后，我在这种内疚情绪里，关掉了书房的灯准备睡觉，爬上床之后我开始怪自己，为什么刚刚没有控制住自己的行为，带着这样复杂的心情我睡着了，但是一整晚的睡眠质量也并不高。

你是否也出现过以上描述的情景呢？在这个时候如果有一个人能帮助我提高注意力，我真的会非常感谢她。

我们的注意力除了因为别人打扰而导致无法集中之外，还有一个很容易影响自己注意力的因素是我们大脑杂乱的想法太多。所以，看似没有任何人打扰，但注意力也是非常涣散的。为应对以下情况，我分享给大家三种提高专注力的方法。

第一种：清空大脑法，有效管理你的注意力

你回到家将所有的家务都料理完毕，坐在了工作台前，准备开始阅读，这个时候你头脑当中出现了还没有付款的那双儿童鞋。

但因为学习了清空大脑法，你不会马上去为那双鞋付款。而是在笔记本上写下你在阅读过程当中出现的第一件事：想要去淘宝上进行购物。

接着，你继续阅读，阅读 10 分钟之后，你的头脑当中出现了明天上午想去跟老板谈事情的念头。这个时候你继

续在笔记本上写下第二件事：和老板谈工作。写完之后继续把注意力放到阅读上。

紧接着，你的头脑中如果出现了第三第四件事，把它们都写到那个笔记本上，清空完之后马上再回到阅读中。

一小时过去了，你发现自己平时一小时最多只能看完10页，而今天你居然看完了接近100页，这个时候你合上书，重新回到刚刚清空大脑时所记录的所有事情，一件一件完成并打钩。

总结一下，清空大脑法的步骤：

第一步：每次开始学习之前准备一个笔记本和一支笔放在手边。

第二步：在学习过程中出现的一切与当下无关的想法，直接把它写在笔记本上进行清空。

第三步：清空完之后告诉自己重新回到正在进行的学习中。

第四步：如果头脑当中还有新的想法出现，重复以上两步。

第五步：整个专注学习的时段结束之后，把记录下来的事情进行执行。

第六步：带着心满意足的心情结束这一段专注学习之旅。

清空大脑法是非常简单、实用的提升专注力的方法。大家在最开始使用这个方法的时候，可能会发现自己大脑中的想法太多了，总是清不空，没有关系，按照我的步骤继续用，正常情况下经历了三五次之后，你的大脑会慢慢冷静下来，也不排除有一些朋友可能需要经过 10 次以上这样的步骤，情况才会有所好转。

第二种：学习总被别人频繁打扰的时候的应对方法

我有个学员 Q 是一位二胎妈妈，她跟我反馈过这么一种情况，每一次当她好不容易把两个孩子哄睡之后想要进行学习时，她老公却总是会打扰她。Q 问我在这种情况下，她应该要怎样跟老公沟通才会拥有专属于自己的学习时间呢？

Q 可以提前告诉老公晚上的 10 — 11 点是自己的学习时间，在没有特殊事情的情况下，有什么事情可以等 11 点之后再找自己。Q 试了之后发现在前几天她老公完全不会来找她，非常尊重她的做法。但是一个星期过后，她老公又开始不断地打扰她。

于是我和 Q 说如果你的老公已经知道了你的安排还来

打扰你，那可能他真的特别想跟你聊天，你也不用直接拒绝他，可以这样对老公说："老公，你找我的事情着不着急，如果不着急的话，11点结束后我再来找你，好不好呀？"

这样做的好处是，让老公知道你正在学习，并且学习完一定会去找他。Q听了之后恍然大悟，因为真实情况是只要老公一找自己，她就会马上跑到老公的身边去跟他聊天。或者是有时Q看书看得比较认真，就会对老公说我晚一点找你，然后看书结束之后却忘记了要找老公这么一件事情。

Q听了我的建议之后，下一次老公再打扰她的时候，她就用这个方法来和老公沟通。Q发现老公非常愿意等待自己看完书之后再找他。

后来Q遇到了一种新的情况。她说在80%的情况下老公已经比较少打扰她了，也接受11点后再交流的建议。但是有时候会出现这样一种情况，Q的老公会跟她说"这个事情好着急呀，你能不能赶紧过来帮忙"。那在这样的情况下Q又能怎么办呢？

面对这种情况，我给了Q一个很简单的建议，如果老公找自己的事情确实是比较着急的，那就快速在笔记本上写下刚刚正在看书的进度，比如看到哪一个知识点或者自己想法是什么。帮老公做完事情之后快速回到自己位置上继续看书。

其实有的时候我们被别人打扰之后，最严重的问题是我们坐回自己位置上时却完全忘记了自己刚刚在干什么，回忆的过程比较长。

这个方法也特别适合用在工作中，你的同事反复打扰你，你也确认他打扰你确实是有非常紧急的事情，那你就不要再拒绝他了，快速地把自己手头上的工作进度写在本子上，然后毫不犹豫地去帮同事，把事情完成之后回到自己位置上，马上看一下本子就知道自己刚刚在做什么了。

总结一下，频繁被别人打扰，其实会分三种情况：

第一种情况：别人不知道你正在忙。那就提前告知对方让他知道你在忙，让对方等你结束之后再来找你。

第二种情况：别人知道你正在忙，依然过来找你。这时候你要温柔而坚定地告诉他，等你忙完了之后会找他，而且信守诺言忙完真的去找他。

第三种情况：对方找你真的非常紧急，必须要马上让你帮忙。这个时候就把手头上正在做的事情的进度写在本子上，当你帮别人把事情做完之后回到位置上就知道自己刚刚在做什么，又可以重新回到专注的状态了。

第三种：延长自己的专注时长和提高专注频率

想跟大家探讨一个问题，如果你的客户跟你说，接下来一周，他想每天都跟你有 30 分钟的交流时间。如果你能确保这件事情，他将会把他在你们公司的广告投入翻倍，请问你会答应吗？或者你老板对你说，明天他想跟你聊 30 分钟关于你的升职加薪问题，你会拒绝吗？

相信以上两种场景，你都不会拒绝，因为客户和老板对你来说真的很重要。但在这里我想跟大家强调比客户和老板更重要的是我们自己。在这个世界上任何人都不可能比自己更重要。

所以我建议每一个人每天都至少给自己留 30 分钟的独处时间进行专注的学习。看到这里，你可能接受了我的建议，但你会有一个问题出现："我以前从来都没有专注做过一件事情，那我要怎样去设置自己的专注时长和专注频率呢？"我给大家的建议是先分两个步骤去做：

第一步：如果你是第一次专注做一件事情，那控制在 15 分钟就好了，而且每天要求自己有一次专注的时间就行了。当你完成这个目标之后，一定要给自己掌声鼓励。

第二步：把自己专注的时长提升到 20 分钟，次数可以不必同步增加。在 20 分钟稳定下来之后，你再把时长增加到 25 分钟或者 30 分钟，次数上也可以适当进行增加。这个方法叫作循序渐进法。

不少女性朋友一听到专注力那么重要，就马上要求自己每天都要有一小时以上的专注时间，而且每天都要做到三四次。能做到当然最好，但是最糟糕的是，大部分人会因为做不到而放弃保持每天专注的状态。

路要一步一步走，饭要一口一口吃，我建议大家先从简单做起，完成一个小目标之后一定要鼓励自己，让自己更有信心，更愿意去做这件事情。

5. 平衡八法则：女性如何事业、家庭、成长三不误

先分享一段故事：

有一次，老酋长给他的孙子讲述生活。他说："孩子，我们每个人的内心里都有一场关于两只狼的斗争。一只狼代表'恶'，它象征着愤怒、忌妒、贪婪、怨恨、虚伪、谎言、自私等等。另一只狼代表'善'，它象征着喜悦、平和、

友爱、希望、仁慈、忠诚、真理等等。我们每个人的内心
中都存在着这两只狼，它们一直在厮杀和斗争着。"

老酋长的孙子听罢，着急地问爷爷："那两只狼最后谁
会赢呢？"

老酋长答道："你喂养的那只。"

你想要什么样的人生，就给自己喂养什么样的状态吧。
我想要的是相对平衡的人生。我的事业相信大家已经有目
共睹。无论是收入、影响力还是跟大家的连接，都处在上
升期，我自己是非常满意的。家庭方面，我有两个孩子，
我跟我先生认识了19年，关系一直都非常好，每天的相处
都特别开心。这并不是说我们从来不吵架，而是我们内心
非常笃定地知道我们俩会走一辈子，任何事情都愿意尊重
对方的意见。

再说说我个人，我不是一个工作狂，但我是一个能够
非常高效处理好各种事情的人。有一次，我在我的核心社
群"价值变现研习社"里面提到自己经常会看书、看小说、
看电影、看奇葩说，居然有很多人很惊讶地说："你比我还
要忙，为什么还有时间做这么多事情？"言下之意是你还
敢放松自己！

如果一个人每天都只有事业，或者只照顾家庭，人生真的是太无趣了。我也有自己喜欢并且享受去做的事情，那么女性该如何事业、家庭、成长三不误，过平衡的生活呢？在此向大家推荐八个法则。

法则一：无需时刻兼顾到所有事情，人生需要有侧重点

每次我说到平衡概念的时候，就会有人说我在偷换概念。这并非偷换概念，先抛开平衡这个问题不谈，与大家探讨一个问题：在接下来你有一小时的时间，可以选择看书或者是出去跟朋友聊天，无论你做哪个选择，这两件事情都是没有办法同时进行的。

所以对平衡的解读并不是偷换概念，真实的情况是任何人都不可能在同一个时间跟空间同时进行多个事情。既然有这么一个前提，平衡对我来说就变成是选择题和专注力的问题。也就是选择在当下或者是在接下来的一小段时间里，倾向于专注某一个人生角色。

简单来说，我选择了要出去学习，那我就全身心专注去学习，我选择待在家里，我就全身心地去陪伴我的家人。而不是外出学习还远程操控家里怎么带孩子，操碎了心却无法改变任何现状。或者是在陪伴家人时，又后悔自己放

弃了一个大好的学习机会。

可能你会说，我的工作特别忙，完全没有时间去照顾自己的家庭。在这种不够自由的情况下，是不是就完全丧失掉了选择权？

你依然有选择的空间，可以选择换一个相对轻松的工作，所以这又回到了选择题的概念上了。最怕的是做了选择后，总觉得自己做错了选择，而无法专心去应对所做的选择。

法则二：坚持每天做让你拥有好状态、提高效率的事情

充足的睡眠、适当的运动，以及放松地去做自己喜欢的事情，这三件事是我每天一定要做到的。我不止一次听到有人跟我说自己忙到睡眠不足，没有时间去锻炼身体。这个认知其实是错误的，只有锻炼了身体、保持了充分的睡眠之后，效率才会高，才可能在有限的时间里面去完成更多事情。所以无论如何都要挤出时间去做能让自己拥有好状态的事情。

换句话说当你发现自己做事效率不高、整个人状态不好时，要去找原因：是因为时间管理能力太差，睡眠不足精力不集中，还是因为从来都没有锻炼体力跟不上？一定要找到影响自己状态背后的原因，并且把它解决掉。

法则三：善于借助外在的力量

这些年我的工作和家庭能够平衡得很好的非常重要的一个原因是我善于借助外在的力量。

工作上，我会有意识地培养我的团队，也敢于给她们分配任务，并且给予犯错空间，让她们渐渐成长起来。这样的话，在我确实没办法全身心去工作的时候，我的事业还可以照常运转。

比如，我在生大宝坐月子期间我的助理承担了我很多的工作，因为她知道我当时没有办法像往常那样照常去处理公司的很多事情。

再比如，二宝出生之后，我和家人沟通，让孩子的爷爷请一段时间假，来帮我们照顾两个孩子。

可能你会说我也想得到助理或者是老人的帮忙，但是我没有钱请助理或者老人不愿意来帮忙。

我身边有一些妈妈，内心深处的想法是只想自己带孩子。我身边也有很多妈妈，无论如何都要去上班，甚至是把全部的工资用来请人照顾孩子。你只能有一个选项，任何选项都无对错。

不是所有事情都能凭借自己一个人的力量做完，即使能做完，也会把你累个半死。如果现实是只能你自己带孩子，你需要在家里照顾好孩子的同时想办法提升自己的能力，为未来重新出发积蓄力量。

法则四：成为一个解决问题型的人

很多人遇到问题的第一个想法是只能想到一个答案。拿我自己来讲，当年生完大宝还在哺乳期，我在朋友圈说我要外出学习五天的时候，收到最多留言是那你只能断奶了。"只能断奶"是其中一个答案，我还有其他答案。比如我在外出学习之前提前存好奶，我不在家这几天他刚好可以喝冰箱里的奶。在外出学习期间，我每天坚持挤奶，并让酒店帮我把奶冻起来，再把奶带回家给我的孩子吃。

其实每一件事情都有非常多的解决方案，有的人是只能想到一个方案，有的人是想了很多个方案之后不去执行，也有很多人想到好的方案后就去执行，我属于后者。

法则五：不因为外在的评价而情绪波动太大

我会有意识地去调整自己，避免受情绪波动的影响。因为无论你有多少时间、状态有多好，一旦心里有事，就很难全身心把一件事情处理好。除此之外，你也需要通过不断的学习，让自己具备独立的能力。

我常常听到身边的人抱怨自己做的选择，家人不理解、不支持。如果说你做的这个选择，最终能够导向一个非常良好的结果，我相信身边的人都会渐渐理解你。不理解是因为我们瞎折腾、没成绩。

我辞职成为自由职业者时，家人也会觉得很奇怪：工作已经那么好了，为什么要辞职？我辞职的心态是，要全力以赴去做自己的事业。如果做成功了，我会继续往下坚持，如果没有做成功，我会快速回归职场，也就是说我会对自己的行为负全责。当我慢慢做出成绩时，他们自然而然就支持我了。

法则六：平常心对待自己的每个身份

我是位妈妈，儿子出生后，我花了很多的心思在育儿上面。在他之前，我培养了他许多生活上的好习惯，使得现在的陪伴很轻松。

我的多重身份，需要我长年保持大量的输入，现在即使输出量很大，也毫无违和感。讲课和写作对我来说，在没有过多额外要求的情况下，都能做到驾轻就熟。

很多时候，我们越是紧张某个身份，越是容易处理不好这个身份所需面临的状况。试着以相对平常的心态，回归到每个身份的根基上，根基牢靠了，上层建筑才能稳固！

法则七：容许某个身份短时间的失衡

每次的平衡都不可能得到长时间的维持，那么，当平衡被打破时，我们可以怎么做？2017年年初，由于当时上班所在公司业务的调整，我的工作变得非常忙碌，这让我再次思考，我是否需要脱离工作，开启我的创业 / 自由职业之旅。

我给了自己一个完整的周末下午去梳理自己整个工作的状态，思路渐渐清晰：再给自己一个月的时间，接受工作导致整个状态失衡的现状。同时挤出时间思考，如果未来确定脱离工作状态，现阶段我需要做什么样的准备，列出所有可做调整的事项清单。这使我的内心更加笃定。

短时间某个身份的失衡并不可怕，可怕的是我们想不到或者没有勇气进行破局。与其陷入因失衡导致的焦虑，不妨接受这样的现状，为未来可能出现的状态做一些内心和行动上的准备，你会重新找到方向。

**法则八：如果所有身份都无法平衡，你需要接纳自己
并做减法**

你需要接纳自己无法达到平衡的状态，主动为自己的
身份做减法。你可以增加休息的机会，给自己多一些放空
的时间；做一些自己平时没有时间做但是又感兴趣的事，
比如说看东野圭吾的小说、散步、约闺蜜逛街或聊天、享
受美食等所有你发自内心想做的事情。

试着找出每一个身份最舒服的与自己相处的方式吧，
我们应该从了解自己、爱自己开始，让每一个身份形成正
向循环：找出每一个身份都必须具备的技能，进行重点的
打造；找出每一个身份能协助到你的关键性人物，进行授
权；找出自己真正的兴趣爱好，让自己达到心流体验。

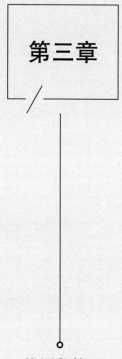

第三章

沟通秘籍：

生活伴侣如何成为事业搭档

截至 2020 年，我和刘先生已经认识 19 年了。从懵懂无知的青春期开始，我们便相识了，一晃居然已经过去了 19 年。

其实最引以为傲的，不仅是我们在一起了那么长时间，而且是我们经历了那么多事情，依然喜欢和对方待在一起，真正验证了"陪伴是最长情的告白"。

在这些年的相伴里，我们除了是伴侣关系，更是双方事业最佳的见证者，我们像经营一家公司一样经营着我们热气腾腾的小家庭。

1. 伴侣关系的重要性

你可能不相信或者不赞同伴侣关系的重要性。你不赞同也没有关系，但是我希望你能够用比较开放的姿态来面对伴侣关系。如果你能够把我接下来分享的概念中的逻辑理清楚，即便不赞同，在思维上你也会对伴侣关系有一些新的认知。

我们的人际关系分为我们与自己的关系即内部关系，和我们与他人的关系即外部关系。而伴侣关系是我们最重的外部关系。

我相信看到这里会有女性朋友的脑海里跳出这样的问

题：我的孩子怎么不算？我的父母怎么不算？

我们仔细回想一下，我们除了与自己相处的时间最长之外，从理论上来讲，在我们整个人生阶段相处时间最长的是不是我们的伴侣？

要解决这些疑问，我们首先要厘清原生家庭和新生家庭两个概念。

原生家庭是指我们与父母以及兄弟姐妹组成的家庭。以我自己为例，我们家有三兄妹，我有一个姐姐和一个哥哥，那我们三兄妹以及爸爸妈妈组成的家庭就是我的原生家庭。

我和刘先生以及两个孩子所组成的家庭是新生家庭，同样，刘先生与他的姐姐还有父母组成的家庭是属于刘先生的原生家庭。

分清原生家庭和新生家庭这两个概念之后，我们会发现大多数家庭出现问题都是因为两个家庭之间的关系处理不得当造成的，具体来讲，很多的时候是婆媳关系处理不得当，而解决婆媳关系问题的关键就是我们的伴侣。但是很多的伴侣会认为，我跟我妈妈已经相处几十年了，你们俩发生争执，我一定是要站在我妈妈那一边的。如果伴侣有这样的思维，那这个家庭是没有边界感的。

没有边界感就是指将原生家庭和新生家庭完全混合在了一起。每个家庭都会有女主人，我们区分清楚原生和新生家庭最重要的一点就是得分清家庭里面的女主人是谁。对每个人的原生家庭来说，我们自己的妈妈就是这个家庭的女主人。对我们的新生家庭来说，我们自己就是这个新生家庭的女主人。所以，在我和刘先生还有两个孩子组成的新生家庭里面，我是女主人。

我是女主人，并不是指我要在家里面颐指气使，要全家都得听我的话，而是指我们要有边界感，而边界感往往是由我们的先生来建立的。不单指我们女性需要对上述的概念有正确的认识，我们的伴侣也需要对这些概念有正确的认识。希望女性朋友们可以把这部分内容分享给自己的伴侣。

大家可以看到很多专门讲解家庭关系的书籍里都会明确指出，新生家庭和原生家庭之间的区别与联系。

看到这，可能会有女性朋友说："太难了，我办不到，而且我老公已经明确表达跟自己妈妈关系很好。"让他们理解确实有些难，而且确实需要时间。

很多时候，儿媳妇跟婆婆两个人没有办法很愉快地相处，就是因为都想要证明自己在丈夫或儿子心目中的地位是最重要的。所以，我们的另一半也是非常为难的。

很多伴侣会选择跟自己妈妈站在一起，他会有尊重老人的想法，我们不需要去责备他。如果你的另一半完全没有尊重老人的想法，你要让他对自己的新生家庭负责任其实也是蛮难的。

另外，有的婆婆和儿媳妇通过大声讲话、通过对家庭事物的话语权、通过儿子或伴侣站在自己这边来显示自己在家庭当中的地位。她们表面上是对女主人权力的争夺，其实是缺乏安全感的表现。能够用责任感一词显示女主人地位的一方，才是最高明的。

所谓责任感就像我是这家公司的 CEO，清晰知道整个家庭（公司）的发展方向在哪里，我该如何去做。所以，家庭 CEO 要目标清晰，要知道对于家庭来说最重要的是全家人和睦相处，从身心健康，齐心协力向大家向往的生活状态去努力奋斗。

看到这里，我相信大家一定能站在这么高的高度去看自己的新生家庭。我们从家庭和睦相处这个最终方向出发，跟自己的先生探讨怎样更好地管理好这个新生家庭，以这样智慧的角度进行沟通，我相信我们的伴侣也会赞同我们的想法和做法。

对婆婆而言，表面上看，她是想证明自己在家庭当中的地位，但她内心最大的需求是安全感。她希望自己最疼爱的孩子，也就是我们的伴侣，结婚之后心中还有自己，否则她会感到没有安全感。

但如果婆婆发现儿媳妇并不会跟自己对着干，而且会跟儿子一样与自己和平相处，还会很好地照顾好自己和儿子。那她的安全感就不会被剥夺，甚至会得到双重满足。

其实，任何的关系一旦放到对抗里，就很容易出现各种各样的问题。如果能统一战线，或是女性朋友们可以提高自己看问题的高度，从将家庭经营得更好的角度出发，把家管理得井井有条，那我们的婆婆也会变成这家公司的一员。CEO 也不是那么好当的，她需要调动全体员工的积极性。

简单来讲，我们需要让自己的先生知道原生家庭和新生家庭，我们不仅要顾及自己的原生家庭，也需要经营新生家庭，同时还要拿出很多的精力和时间放到我们的下一代身上。所以伴侣关系是否和谐，能否很好地相处，能否有商有量，其实也是在给下一代树立榜样。

我也提醒女性朋友们，在跟自己先生沟通的时候，可以打示弱牌，这也是本章将重点讲述的沟通技巧，我在后面会进行详细的展开。

　　厘清原生家庭和新生家庭的关系后，我们来解决第二个问题：在孩子出生之后，妈妈们白天忙工作，晚上回到家很容易把所有的注意力和时间都放在孩子身上。她们忙到深夜入睡，基本与自己的先生没有过多的交流，即便有交流，也是不太注重沟通方式。

　　母性的本能让妈妈们想要时刻保护自己的孩子，总是嫌弃自己的伴侣笨手笨脚的，很多事情都做不好，这导致伴侣失去了帮助你的欲望。

　　大部分女性朋友生了孩子之后都变得更刚强了，虽然是无证上岗但是一下子就把很多东西都学会了。而且在照顾好孩子的同时不断学习，努力成为孩子的榜样，真的是超级无敌 CEO。

　　对妈妈来讲，自己的孩子是弱者，时刻都有想要疼爱和保护孩子的决心，所以，很多女性朋友在生完孩子之后就丧失掉了示弱的能力；很多女性会把全部的注意力放在孩子身上，忽略了伴侣的感受，亲密关系在这个阶段很容易出现问题。

　　本节的两部分重点内容：一是想让大家厘清原生家庭和新生家庭的概念与关系，女性应该作为新生家庭的 CEO，带领家庭成员朝着同一个方向、同一个目标发展。另外，女性不要在孩子出生之后把全部的时间和精力花在孩子身上，而冷落自己的伴侣。

2. 如何"改变"自己，影响他人？秘密在这里

大家有没有发现，我将"改变"这个词打上了双引号。我想请大家先对以下改变的难易程度做个排序：改变自己、改变自己从而改变伴侣、改变伴侣。

我的排序是：改变自己 < 改变自己从而改变伴侣 < 改变伴侣。

具体来讲，改变自己是相对容易的事，通过改变自己从而影响到自己的伴侣改变比改变自己要困难，最难的是直接通过语言让伴侣产生改变。我们往往会因为对方是最亲密的人，而忘记改变别人是很困难的这一事实。

人生而不同，再相爱的两个人，都是两个不同的个体。我们常常会对对方报以很高的期待，希望对方可以像自己想的那样，并本能地用"我以为"的视角来看待两个人的相处。先不要管你的另一半做得符不符合你的标准，而是

先把注意力放在"做好自己"这件事情上。并且放弃"改变对方"的念头，这样反而更容易用自己的状态和行动潜移默化地影响到对方。

在改变伴侣这件事情上，相信每个女性都做过努力，我也不例外。我在大学的时候就认识了我的老公刘先生。那个时候，我的成绩还算不错，每一年都拿奖学金。刘先生不但没有拿过奖学金，还挂科了。

20岁的我，第一个念头就是我要改变他。怎么改变他呢？我威胁他说："如果在我们大学毕业之前，你一次奖学金都拿不到，那我只能跟你分手了。"看到这里，大家已经能猜到结局了，他在毕业之前一次奖学金都没有拿到，我们也没有分手。这是我想要改变他的第一个阶段。

后来我们毕业，谈了几年恋爱后就结婚了。从结婚到我生完孩子那些年的时间里，我通过各种各样的方式想要改变他各种各样的行为模式：

我想让他不要抽烟；

我想让他积极一点，多看书；

我想让他跟我一起运动健身。

写这本书真的牺牲很大，我把刘先生的很多不好的习惯都告诉大家了，但事实上大部分的男生都会有一些我们不喜欢的习惯。所以，我想跟女性朋友说：在改变伴侣这件事上，你并不孤单，我也做了很多的努力，甚至用各种各样的威胁，然而并没有起到任何作用。

但是现在的刘先生非常好，好不是指他前面的习惯全都没有了。而是他现在变得非常克制，很多问题我们都可以很友好地沟通并且得到解决。中间究竟发生了什么？最大的秘诀是我不再想要改变他，我全身心投入在自己身上，我自己发生了巨大的改变。

从 29 岁开始我突然就觉悟了，不再尝试用语言和各种威胁让刘先生产生任何改变。我把所有的时间和精力全部花在自己的身上：大量看书、运动健身、精进成长。在三十岁那一年我开通了自己的公众号，把我自己的很多观点都发表在公众号上了。

不知从什么时候开始，我突然发现刘先生成了我的读者，我的每一篇文章他都要看完，而且每一篇文章他都要打赏。有一天我像往常一样在楼底下跑步，突然有个人拍了我的肩膀一下，我回头一看，是刘先生。

而且他开始跟他的朋友分享，他的老婆特别会时间管理，他的朋友开始邀请我给大家分享时间管理技巧。刘先生也会进我的群，听我的时间管理课进行学习。常常出现的情况是我在给他的朋友讲时间管理内容的时候，因为他对内容非常熟悉，我只是开了个头后面的技巧都是他分享的。

很多读者会说："你的老公本来就很优秀！"事实上并非如此，我和我老公都是后天变优秀的。通过改变自己有两个好处：一是我不再把时间和精力花在别人身上；二是我把更多的时间和精力花在让自己变好上，而且是持续变好，让变好这件事成为肉眼可见的事实。

因为他亲眼见证了我用这些方法成为越来越优秀的自己，他相信这些方法是有用的，而且他看到我越来越优秀，他也想要变得优秀。

我才发现，当我管他越多时，他反感就越多；我不管他了，他反而会觉得不舒服：你为什么突然不理我了？他反而更想要引起你的关注，而且他会开始琢磨怎么做才能够引起你的关注。

我的一些女性学员跟我分享说："我尝试过完全不管他，但他更糟糕了。"如果你的变化大到能吸引住他的注意力，并且让他意识到你的方法真的特别有用。相信我，他会开始关注你在做的事情。

另外一个事实是，即便我们让自己变好之后也无法影

响到他，我们有损失吗？我们没有任何损失。我们还成了
优秀的自己。

这个时候你的世界将会变得很大很大。当一个人的世
界变大了，心态也会有变化，包容能力会变得更强，而且
根本就不想要也不屑于花时间去管一些鸡毛蒜皮的事情，
整个人会进入正向循环。

这一切都是我的亲身经历，当我把我的故事分享给学
员，她们听完之后，一致认同这个观念。而且确实也有一
些学员了解到整段故事和背后的思维之后，开始用同样的
方法要求自己，效果确实很不错。

反之，当我们把时间和精力放在改变自己的另一半身
上时，相应地放在自己身上的时间一定会减少，我们努力
程度肯定也会受到影响。很多的伴侣的观点是"哎呀，你
自己都做不到，却总是要求我做这做那的"。

我相信听完整段分析之后，大家一定清晰地知道要把
自己时间和精力放在哪里了。

接下来我要与大家讨论的是很多女性朋友的感慨："哎
呀，我先生在娶我之前，他真的是特别优秀，但是我们结
婚之后，不知道为什么他会变成现在的样子！"

那么大家一起来思考一下，伴侣在结婚前后发生改变

的这段时间，在他生命里最大的变化其实是跟我们结婚了。

也就是别人怎么对你都是你教的，更直接的意思就是：请问你做了什么事情，让一个人结婚前后判若两人？

我不知道女性朋友们看完之后的感受是怎样的。我每次与学员分享这个问题的答案，她们都会笑。有的学员会恍然大悟！

我们回过头来看"别人怎么对你都是你教的"这句话。本质在于我们在遇到问题的时候，先问问自己做了什么事情，才有了现在这样的结果。

心理学家海灵格曾说：谁痛苦，谁改变！ 如果我们真的想要改变自己的伴侣，那痛苦的是我们，所以我们要先改变自己，让改变进入到正向的循环。

3. 沟通三法则：轻松化解矛盾的最佳利器

女性朋友要把注意力放回自己身上，无论是为了更关爱自己，还是想要让自己变成更优秀的人。因为只有我们有了改变，身边的人察觉出来之后才会因此而受到影响。对于化解夫妻之间的矛盾，该方法同样适用。接下来跟大家分享沟通的三大法则。

第一法则：彼此顾念

我相信大部分人结婚，都是因为信任和爱对方，想要跟对方拥有终身的伴侣关系。

如果你能想明白这个问题，在沟通时要彼此顾念。

彼此顾念是我学习完亲密关系课程后牢牢记在心里的一个词。彼此顾念就是指当你们想要争吵、想要去说一些恶毒的语言、想要做一些伤害对方的事情的时候，你要记得彼此顾念，问自己：当时为什么想要跟这个人结婚？内心是不是还爱着这个人？未来你是不是想要改善跟这个人之间的关系？你仍然期待跟他能够白头偕老吗？

如果答案全部都是：是！那我们一定要彼此顾念。

其实我们遇到的很多事情，当时跟自己的伴侣真的吵得很凶，但是现在回忆起来会觉得真不知道当时因为什么事情会吵得那么凶。在时间长河之下，很多问题已经不再是问题了。

彼此顾念是希望吵架的当下，我们都可以回忆起当时两个人因为爱在一起，无论我们现在吵得有多么凶，两个人都不希望在未来会分开。

第二法则：认清在和谁沟通

你是在和你爱的人沟通而不是和自己的情绪沟通。如果伴侣之间能养成沟通的习惯，在日常生活状态下经常进行沟通，就会避免很多冲突。怕就怕在伴侣双方只在冲动、有情绪的情况下进行沟通，那样会不可避免地说出各种各样伤害对方的话。

女性朋友看完这本书，再跟自己的伴侣进行沟通的时候，如果发现自己正在情绪上头，可以提醒自己：我们是在跟自己爱的人沟通，而不是在跟自己的情绪沟通。

其实这本书尤其是本章内容很适合夫妻双方一起阅读，我也期待女性朋友可以把从本书中学到的内容，分享给自己的伴侣。

有段时间，我和刘先生动不动就吵架，后来我们俩做了个约定：双号是属于我的示弱日，单号是刘先生的示弱日。当我们再吵架时，我们会互相提醒当天是谁的示弱日，然后我们就不会继续吵架了，而是先冷静一点再来交流问题。

第三法则：互相尊重

简单来说，就是每个人因为生活习惯的不同而导致价值观念有所不同，从而影响到个人看待问题的角度不一样，这就使得我们各自有各自认为重要的事情。

比如，因为家庭环境的影响，男生有洁癖，他会把家收拾得非常干净，他的伴侣没办法像自己一样爱干净，而两人又是相爱的，他们就可以商量出一块领域来，在领域之内，有洁癖的人可以接受一定程度的混乱等。

其实人和人之间在进行充分沟通之后，双方确实是会意识到界限的。任何人都不需要为别人去做由内而外的改变，但是我们可以因为彼此相爱，而愿意去重视自己从来不在意的事物，而产生一些相对应的改变。

我深刻地意识到，其实每个人都有自己看重的事情。最正确的做法是清晰地让伴侣知道我们看重的事情，也希望他在这件事情上接纳我们的想法。

当然，任何关系都是相对应的，反过来我们也要意识到这件事情对伴侣非常重要，也愿意在他看重的事情上去迎合他。

有一次在一场线下课，有个学员问了我一个问题，她说自己很喜欢给伴侣发一些美食推荐链接，但是她的伴侣从来都不回复。我就问这位学员："他不回复，你会觉得特别不舒服吗？"学员告诉我说："我真的会觉得不舒服。"我又跟她确认："真的会特别不舒服？"学员仔细思考了一下回答："其实也还好。"

我的答案是：如果你觉得还好，而你的先生又是那种接到信息之后确实没有意识去回复的人，那你就接纳你的先生的处理方式——他看到消息没有回复你，但他会在回家之后跟你讨论什么时候去吃这家餐厅的美食。

学员听完之后反馈：原来还可以这样。从那之后，她再经历类似事情的时候就不会再觉得自己无法接纳了，因为她从内心深处接纳了她的先生不回她信息这件事。

如果这位学员的答案是自己很介意先生不回信息，希望先生一定要回自己一条信息。她就要明确告诉她的先生，希望他在收到自己消息的时候可以顺手回复一条。

大部分时候，对方并不是不在意我们，而是不知道我们有多在意这件事情。在这种情况下，直接表达清楚就是最智慧的行为。

大家有没有发现，其实很多事情都是小事情，正是这些小事情决定了两个人的关系是否可以变得更加亲密。人和人之间的相处是有情感账户的，我们做的让对方感动的小事情，就是在情感账户里面存进一些钱，做的对对方伤害的事情，就是从情感账户里面取一些钱出来，

有调查数据显示，我们的另一半给我们送礼物，跟他

们每天早上起床之后对我们有一些亲密的接触，夸奖或是赞赏，都是向我们的情感账户里面进行储值，但是我们的另一半往往会认为送我们礼物会让我们高兴的时间更久。

当然，每一位女性的感受都是不一样的，如果你发现你更喜欢的是先生不定期给自己送礼物，那你要让他知道。但如果说你更喜欢的是生活当中的陪伴、小确幸，我们也有义务让他知道。

女性朋友们有没有发现，伴侣之间沟通的三大法则里面非常重要的前提，那就是建立在爱的基础之上。因为相爱，我们需要彼此顾念。因为相爱，我们知道现在不能带有情绪去沟通；因为相爱，我们接受伴侣很重视的事，不仅在语言上赞同，而且也会在行动上迎合和配合伴侣。

人和人之间的关系是相互的，你在很多行为上去包容对方，对方是会有感受的。我们的伴侣感受到之后，他肯定会在其他的事情上让你感受他的爱意。

4. 夸奖与示弱，做到这两点，关系持续升温

想不想伴侣关系持续升温？我的伴侣关系一直处理得

很不错，和接下来要分享的两点有非常大的关系，这两点
分别是：夸奖和示弱。

第一点：夸奖的力量

我相信"夸奖的力量"，很多女性朋友也都会认同，因
为女性朋友们在生完孩子之后都无师自通学会了夸奖自己
孩子的技巧。但我也做过调研，很多女性朋友能够毫无违
和感地去夸自己的孩子，轮到夸自己先生的时候却办不到。
甚至还有学员和我开玩笑说："Angie 老师，我真的开不了
口，夸不下去。"

我想跟女性朋友们强调的是，其实每个人都是喜欢被
夸的。夸奖是可以分层，层级最低的夸奖是感谢。

看到这你可能会说，对自己另一半说谢谢好生疏。我
想告诉大家其实真的不会。我们说谢谢，是表达我们关注
到你帮我做了这件事情，这种行为叫作欣赏，用非常直观
的词表达就是"你好棒"。

当然当伴侣做一件事做得特别棒时，我们不需要每一
次都用直接表达的方式。我最喜欢的做法是，联合儿子一
起夸奖爸爸："宝宝，你觉不觉得爸爸把这个柜子修好了，
真的太棒了！"

这样做，我们的伴侣当然会很开心，孩子还会特别崇拜爸爸。夸奖的最高级别就是崇拜，可以用一个非常形象的词来表达自己对伴侣的崇拜之意，这个词就是：哇。

这三个夸奖的词：谢谢、你好棒、哇，是我在上林文采老师的课程时学到的，上完课回到家之后我就用上了，特别简单、好用。

其实我们光是养成说谢谢的习惯，就会让许多事情变得简单很多。我常常跟大家分享，我是靠夸奖行为走天下的，我非常喜欢夸我的学员，我也无时无刻不夸我的孩子和刘先生。

女性朋友们也可以回忆一下，我们在第一章人生规划里面讲到了自信力的底层逻辑是注意力聚焦，其实夸奖也是如此。

事实上当我们跟另一半结婚生活在一起之后，就会发现他身上有很多很多的缺点。他跟结婚前也许是有变化，但终究还是同一个人，为什么结婚之后我们就只能看到他的缺点了？

因为我们生活在一起，每天都在无缝接触，当然就把他的很多缺点给放大了。但如果我们可以借由夸奖的力量把自己的注意力放回到他的优点上，你会发现我们看伴侣

的角度也会产生变化。每个人都是期待自己能够被看见的，
任何人都会因为持续被看见而变成你眼中所夸的那个样子。

我身边有一些女性朋友在这件事上做得非常好，比如
有一位女性朋友的另一半非常喜欢看足球赛，她为了迎合
先生喜欢看足球赛的爱好而去研究足球，最后自己也爱上
了看足球赛。

她在看足球赛的过程当中，会遇到很多不懂的地方。
但她知道伴侣在看的过程当中需要保持相对安静的观看环
境，就不会叽叽喳喳去问很多的问题。

但是，当两个人一起看完整场球赛之后，她会以崇拜
和欣赏的角度去请教先生，在请教过程当中借机不断地去
夸奖自己的先生。她会发现迎合先生爱好的行为，让他们
的关系得到了非常高的升温。

第二点：示弱的智慧

不得不告诉大家，现在这个社会真的是女性崛起的时
代，很多女性无论是在事业上还是在照顾家庭上都有自己
的一套方法。不少人会觉得自己越来越厉害，甚至会因为
觉得自己的先生跟不上自己的步伐，而嫌弃对方。

我们每个人在社会中都扮演着很多角色，有智慧的人

能区分清自己在家庭、伴侣关系、亲子关系、事业当中所要扮演的角色是什么，应该采取什么样的沟通方式。

如果电影里面的每个角色都是一种说话方式，行为举止都是一模一样的，这部电影会让你有继续往下看的欲望吗？或者是你特别喜欢的电影明星，他无论演哪一部电影都是一模一样的说话和表演方式。你肯定也会觉得看他演的电影是没有意思的。

回到我们每个人的身上，如果我们在任何场合展现出来的自己都是一模一样的，当然也是没有意思的，而且你对不同的人使用同样的沟通方式，这些人也会觉得你是非常无趣的人。

我在事业上确实有自己的一套方法，但是在跟刘先生相处的近 20 年的时间里面，我们俩的相处没有任何变化，我在他面前依然充分地采用了示弱的方法。我最喜欢请他帮忙做一些他擅长的事情。

我们家买了一些新的家电，我是会看说明书的。但是我会示弱，我会跟刘先生说：我不会，你帮帮我，这个事情太难了，只有你才会。

我也期待女性朋友们可以分清自己的角色，在该示弱的时候进行示弱，相信我，当你有夸奖的力量和示弱的智慧之后，伴侣关系一定会持续升温。

　　本章从亲密关系出发，分享了家庭沟通的重要性，每位家庭成员都应该学会区分原生家庭和新生家庭，建立良好的沟通基础。在沟通过程中，要先明白，不要试图用语言让伴侣发生改变，做好自己最重要，自己发生改变会自然而然地影响到伴侣，进而发生改变。每一次在沟通的时候，要做到彼此顾念，认清在和谁沟通以及互相尊重。同时在和自己的另一半沟通时，学会使用夸奖和示弱的方法。

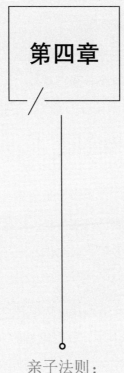

第四章

亲子法则：

亲子关系的经营智慧

为母则刚，每个女人生了孩子之后，都变成了全能型选手。我常常调侃"妈妈们都是无岗前培训就上岗，在手忙脚乱中学会如何养育孩子的"。

我也经历过这段岁月，当时就感叹，有谁可以来教我如何育儿就好了，这个人简直就是天使。后来我发现要找到这样的一个妈妈型榜样太难了，于是我开始大量阅读、大量实践，还成了育儿专栏的作家，把自己的育儿小技巧分享给不少妈妈，收到非常多的好评。

如今，我的大宝 7 岁多，小宝也 1 岁 8 个月了，两个孩子相处融洽，我也没有成为焦头烂额的一年级小学生家长。我想，这和我多年一直在坚持学习如何进行亲子关系的经营有很大关系。

本章分享的亲子法则篇，我相信会是每一位女性朋友都特别想要学习的内容。每位妈妈都非常爱自己的孩子，而职场妈妈每天除了工作之外，一定会面临各种各样亲子关系的问题。

我在 2018 年生了二宝，我的大宝已经六岁多了，所以我发现自己又像是完全没有任何育儿经验一样，需要重新从零开始学习如何养育二宝。为什么要在开篇的部分强调带二宝需要重新学习？因为亲子关系里的各种各样的技巧在面对不同孩子的时候，都需要做一些调整和优化，这使我对育儿又有了新的感悟。

本章的内容是在我阅读了大量的书籍的基础上，结合自己在育儿过程中的经验，研究和践行出来的一整套方法。但肯定不可能每一种方法都适合你。所以我建议大家结合自己孩子的情况，挑一些适合的方法先用起来。

1. 顺应特质：挖掘孩子的天赋优势

在挖掘孩子的天赋优势上，我确实用了一些方法，而且可能会跟很多妈妈们常用的方法有一些区别。本节我会讲解大量我的孩子以及我观察和接触到的一些孩子的案例，方便妈妈们更好地对号入座。

每一个孩子都是天使宝宝，而且都带着自己独特的个性。如果妈妈们能够温柔地对待孩子，然后去激发出孩子身上的一些潜能，挖掘出他们的天赋优势，最终都会拥有非常好的亲密关系。当然，我们在跟孩子相处过程中，依然会遇到各种各样的问题，但我们要接纳这是正常的。

在成年之前孩子其实一直处于探索阶段，我甚至会认为孩子的出生其实为妈妈成长提供了非常好的环境和契机。我就是在孩子出生之后，想要成为他心目中的榜样，所以变成了更优秀的自己。在陪伴孩子成长的过程当中，孩子们与生俱来的好奇心、敢于尝试、不惧怕失败等等这些品质，会深刻地影响妈妈们。

如何挖掘孩子的天赋优势？我有以下两方面建议：一是顺应天性；二是创造环境。

在接下来的文章里，会大量出现我的两个儿子，大宝我会称为多多，小宝我会称为辰辰。关于顺应天性，有两点是我自己特别关注的。

第一点：保持孩子的好奇心

很多父母或者是祖辈会以孩子可能会发生危险为理由，不让孩子去做各种探索。

比如说孩子想要从一个看起来有点高的地方跳下来，父母就会冲过去说："不要这样，太危险了，你不要跳了！"或者孩子看到有点坑坑洼洼的石头，他想要摸一下，我们会以担心割破他的手为理由，不让他摸。

我们家面对这样的状况时，我们会快速地走到孩子旁边，如果观察之后发现没有什么大的危险，完全不会阻止他。

如果多多想从有点高的地方跳下来，我当然也不会让他直接跳，而是会轻声地问他："哇，那么高的地方，你需要妈妈陪你一起跳下来吗？"并牵起他的小手。我们是一定不会阻止他做这件事情的。

任何事情都会有多种解决方案，但为了孩子的安全，我们往往会选择简单、直接却最容易扼杀他积极性的方式。还有很多父母或者是老一辈常常会说这么一句话："哇，宝宝，你今天刚穿了一件新衣服，就不要去玩沙子了，也不要去玩那些会弄脏你新衣服的游戏了。"

我老公的老家有一段时间在装修，所以二楼有一堆沙子，我不但没有阻止多多去玩沙子，我还会问他："多多，我们楼上有沙堆，要不要一起去玩一玩？"

但是，确实有的时候有一些沙堆，我也不想让他去玩，比如明显已经有狗狗在沙堆上面拉过便便的，或者看起来很脏有细菌的沙堆，我是不会让他去玩的。我会蹲下来抱着他，告诉他："我们一起来看看这个沙堆，上面有狗的便便，还有各种各样的垃圾，很容易有细菌！"

因为我平时都是让他玩沙子的，所以他清晰地知道，如果那个沙堆真的适合他玩，是安全和干净的，我一定不会阻止他，甚至还会带着他、陪着他一起玩。如果你平时就完全不让他玩沙子，真正遇到脏的沙堆的时候，讲道理是很难讲通的。

那些可以讲道理的孩子，一定是在平时有足够自由的空间，并且被充分尊重的孩子。所以一旦我跟他说，这个沙堆看起来真的好脏，他就会清晰地知道妈妈是判断过的，这堆沙子确实是不可以玩的。而且，当你沟通的次数多了，他再遇到想要玩的沙堆，甚至会主动跟你沟通和确认能不能去玩。

我的孩子的好奇心是一直被满足和鼓励的，所以他的好奇心会建立在安全范围之内。而且这个安全不是父母常规所理解的安全，而是指真正意义上不会出现危险的安全。

因为很多父母为了保护孩子，安全意识会八度提高，总觉得做什么事情都是不安全的。这个部分需要父母自己做功课，我也会不断说服自己，真的不会出现危险的情况下，我会容许他们做任何的探索和尝试。

另外，孩子的好奇心还充分体现在他的提问上。你有没有发现，孩子很喜欢向你发起各种各样的问题，然后还常常会在你忙着的时候来向你发问。这种情况下，父母通常的反应会是："哎呀，妈妈忙着呢，你稍等一下！"然后就忘记去回答孩子的问题了，或者干脆就敷衍地回答孩子的问题。

在我们家，只要孩子喊我一句，我会马上停止手上正在做的事情去回答他问我的问题，而且回答完之后，我还会跟他进行一些探讨。但如果我很忙回答完之后，我会跟他说："这个事情你稍微等一等，刚刚有点忙，你自己也再想一想刚刚妈妈说的话，等妈妈忙完手头上的事情，会跟你继续探讨。"

我跟孩子有约定："一旦你发现妈妈在忙，没有及时回答你问题的时候，你可以提醒妈妈。"所以，在我们家孩子的好奇心真的会被充分重视，而且我们会非常配合他。

看到这里，你可能会说，为什么都是我和孩子之间的对话，家里其他人都不参与吗？我们家的情况是，我和我先生几乎每天都会讨论如何带孩子，我也会不断鼓励、放手并表扬先生在带孩子这件事上做得非常好。

- 鼓励方法：我会经常和先生沟通爸爸在育儿过程中的重要性，鼓励他和孩子们有更多的联结。我会在家里播放或者专门给他发送一些爸爸陪伴孩子的电影或真人秀节目，以唤醒他陪伴孩子的欲望。

- 放手方法：一旦我先生有兴趣带孩子，即使发现他在过程中确实有些地方做得不够好，我也不会在旁边指手画脚，而是在和他讨论自己育儿上的做法的时候，顺带把想要他调整的地方一起拿出来讨论，而不是直接指责他哪里又做得不好。

- 表扬方法：只要我发现我先生做得不错的地方，哪怕是小得不能再小的点，都会拿出来夸张强调一下。

和孩子的爷爷奶奶、外公外婆沟通带孩子的方法，我们家最常用的方式是表扬和引进权威。

- 表扬方法：只要发现他们做得对的地方，就进行表扬，尤其有外人在的时候，要反复强调并夸张表扬。

- 引进权威方法：不直接指出他们做得不好的地方，而是通过书上的知识、权威人士来影响他们。我们家认识不少医生，我会当着他们的面说这件事我也不会，再打电话问医生该怎么处理更好。起初是真的需要拨打电话求证，后来就变成"转述医生的话"了。

第二点：观察法

父母在家陪伴孩子的时候，如果孩子安静地在做一件事情，有些父母会觉得孩子好像挺无聊的，所以时不时就去打扰他。我们家的情况是，一旦我的孩子自己主动安静在做一件事情，我们不会再跟他讲任何的话，就在旁边陪伴他、观察他，除非是他主动跑过来跟我们进行沟通。

孩子需要有独处而专注的时间去探索世界。也是通过这样的观察，我发现我的孩子对数字特别感兴趣。在多多还比较小的时候，我给他买了各种颜色的卡片，也买了很多种数字积木。在陪伴他的过程中，我发现他对彩色的卡片没有太大兴趣，拿起来很快就放下。但是当他拿起数字积木的时候，明显表现出非常强烈的兴趣。

多多在家里见到所有跟数字相关的，比如贴在墙上的带数字的钟，数字卡片，他都会产生兴趣。在观察到了他对数字的兴趣之后，我开始在他的环境里面放更多跟数字相关的玩具和卡片。

再举个例子，我的孩子对阅读的兴趣真的很一般。我也给他买过很多的绘本，也会给他读绘本，但是我发现他更加喜欢搭建乐高积木。

多多在三四岁的时候就可以按照乐高积木的说明书，一个人安静地在那里搭建积木了。所以我们在培养自己孩子的过程当中，并不是一定要用世俗意义上的我们自己喜欢的或者社会认可的兴趣爱好去框住他，而是通过观察，发现他真真正正对什么感兴趣。

我想跟妈妈们强调的是，比挖掘出他兴趣更重要的是先看他做这件事是不是快乐和专注。当然，在多多喜欢上搭建积木的过程中，我们也是费了一些功夫的，但是都是在顺应他的爱好的前提下做的。

我们发现，每次乐高积木买回来，多多都非常有兴趣要搭建积木。最开始的时候，我们家刘先生会打开说明书，一边解释怎么看说明书，一边陪多多搭建。大概到多多快四岁的时候，我们试着跟多多沟通："爸爸妈妈要去上班，你幼儿园放学回来，如果有时间的话，可以尝试照着说明书自己搭建积木。"

下班回来后，我们发现他自己已经把积木搭好了。当然，中间也出现过一些状况，比如他搭建完积木之后发现自己搭错了，会非常着急和不耐烦，我们会告诉他错了有错了的好处，这是属于他自己的创意。但如果他还是特别想按照说明书搭建，刘先生会配合他看看是哪个步骤出现了问题。

如果实在找不到问题出在哪里，我们也会跟他说："哎呀，爸爸妈妈也发现不了，我们要不要一起把这个乐高拆了，从头到尾一起再来搭建一次？"然后再一起认认真真地把乐高再搭建好。

在顺应孩子的天赋去发现他的兴趣的过程当中，让他知道在探索自己热爱的事情时也会遇到一些挫折，要容许自己犯错，甚至会跟他一起讨论犯了错之后可以有什么样的应对方法。

我在帮助自己和学员挖掘天赋的时候也受到多多探索天赋过程的一些启发。在这一点上，大人跟孩子之间区别不大，但是我们长大成人之后常常会对自己要求太过苛刻。

我发现，无论任何人在尝试做一件新事物的过程中，即便是非常喜欢的，也是会遇到各种各样的问题。遇到问题我们就去积极应对，然后给自己一些鼓励，给自己一些空间去调整就好。

到现在，我们家孩子对搭建乐高积木还是有非常浓的兴趣，他的兴趣爱好被保护得非常好。而对阅读这件事情，他还是兴趣平平，我真的是一点都不着急，但是我们也会通过我讲给他听，他来复述这种互动的形式，慢慢培养他的阅读兴趣。

关于创造环境，我有三点建议。

第一点：跟大自然接触

我们会比较注重带孩子出去更多地与大自然接触，让他了解这个世界物种的丰富性，带他去认识、触摸各种各样的植物，让他在与植物的接触中学会保护大自然，所以他从小就蛮有爱心的。

我看到过有一些父母或者是老一辈带着孩子去摘树叶，我们家就很少出现这种情况，我们会带着他一起在观察树叶和捡落叶的过程中融入大自然，或者到大自然当中去做各种各样的运动。

那么跟大自然接触，对挖掘天赋有什么帮助呢？

我们让孩子跟大自然更多地接触，会让他体会到自己的世界不仅仅只是家这么小的空间，世界其实是很大很多变的。我们到不同的空间，可以看到不同的事物，接触到不同的人。

他会知道自己的世界可以非常丰富。这就像我们大人在挖掘自己天赋的过程当中，如果知道自己的世界还可以很大，还可以有很多的可能性，在探索天赋的时候也会更加从容，不会因为一时无法确定自己的天赋定位感到焦虑，而是知道还有很多可以学习的地方，有很多的人生乐趣。

第二点：上兴趣班

有很多妈妈学员会给我留言："Angie 老师，你是做教育的，那你们家孩子是不是从小就上各种各样的兴趣班？"事实上我们家孩子从小到大上过的兴趣班真的不多，而且都是他自己选择的。

先给大家罗列一下我们家多多上过的兴趣班：

- 跆拳道两期
- 乐高四期
- 玩具图书馆：培养数学思维的兴趣班
- 科学实验
- 足球
- 游泳
- 美术

上了小学后，只报了一个美术班。像是拼音班、英语班这些学习辅导班，目前从来没有报过。

我们家给多多报兴趣班的流程是这样的，比如幼儿园老师告诉我们幼儿园有哪些兴趣班，我们会先把这些兴趣班了解一下，然后就直接跟多多沟通。

问他这些兴趣班他最感兴趣的是哪一些，正常情况下，他会马上告诉我们，有时候前一天告诉我们第二天还会修改，如果他需要修改，我们也不会说他怎么变来变去，而是会问他真的想学习某某兴趣班吗，如果他确定要报，我们就会帮他把这个兴趣班报上。

到了幼小衔接的时候，我们也问过他，想不想提前学习拼音或者是数学。这就是我们家给他报兴趣班的真实情况。

强调一下，所谓兴趣班要挖掘的是他的兴趣而不是我们大人自己的兴趣。我对很多的兴趣班都心动过，但只要是多多不想选的，我都会尊重他，由他自己去选择，充分沟通和尊重他的意见，并且无条件支持他想做的一些事情。现在多多的情况是怎么样的呢？

多多从来没有提前学过英语，他现在是英语课代表。多多拼音一开始学得也很差，我们就耐心陪他一遍又一遍地读。我发现很多小学生家长陪孩子做作业都要做到很晚，而且网上还调侃说陪孩子做作业做到心脏病都要发作了。

我们家的情况是，我们像当年教他如何看乐高说明书那样，跟他沟通怎么样去看留了哪些作业，然后告诉他，爸爸妈妈下班之前，他可以在家把自己会做的作业先完成，不会做的，等到我们下班后再共同讨论。

起初多多会说不会用手机查看作业、做作业和提交作业，我们就一遍遍耐心地演示给他看。现在通常的情况是，我们下了班之后大概还需要半小时的时间，他的作业就可以全部完成了。

第三点：角色扮演

游戏化教育是孩子最容易接受的方式，而角色扮演就是游戏化教育中的一种。角色扮演，也叫扮装游戏，是一种人与人之间的社交活动，可以以多种形式进行，如游戏娱乐、表演、实景练习、心理引导、自我思考等等。在活动中，参与者在故事世界中通过扮演角色进行互动。参与者通过角色扮演，可以获得快乐、体验以及宝贵的经历。

我们常常会在家做各种各样角色的扮演，比如在家里玩过家家的游戏。在过家家游戏里，我们最喜欢的是扮演买卖双方进行交易，一开始我做商家，多多是顾客，等他适应了游戏的节奏后，我们开始鼓励多多成为商家，引导他为自己要销售的产品去定价，然后真实地用钱去进行交易。通过付多少钱和该找回多少钱去提高他的加减法的能力，以及让他明白这是一种商业交易。

2. 习惯养成：轻松培养孩子的良好习惯

孩子在小的时候，如果能够养成良好的习惯，大人也会相对轻松，大人和孩子之间的沟通也会更加顺畅。如何培养孩子的良好习惯，我有三点建议分享给大家。

第一点：确定习惯类别

孩子的习惯分为：饮食、作息、时间观念、专注力，这四类是我自己比较看重的。每一位妈妈可以根据自己的标准去确定习惯的分类，如果你无法确定习惯的分类，也可以根据我提供的四个类别作为习惯的分类参考。

第二点：习惯的持续养成

这个步骤的关键词是"持续"，无论是大人还是孩子，做到一件事不难，难的是持续去做，所以持续的习惯就是让做一件事情成为一种本能。

比如孩子养成吃饭前洗手的习惯，不是指孩子根据自己的心情决定饭前是否要洗手，而是形成本能的条件反射，一到该吃饭的时候就去洗手，这就是习惯的持续养成。

第三点：认识主角边界

主角边界就是我们以做一件事情是为了谁好为理由，去让别人做一件其实是自己想要做的事情，这也是父母经常用的一种方式。

我相信我们的父母也很喜欢对我们说类似的话，而我们也总会无意识间去讲类似的话。事实上是谁做这件事，谁就是这件事的主角，谁就应该对这件事负责。一旦出现我为了你好，事情就完全变味了。

我们家的情况是，如果多多只是偶尔忘记洗手，那我们不会把这个事情扩大化，而是会比较有意识地对他进行一些提醒或者示范。

我会坐在多多的旁边对他说："哎呀，妈妈忘记洗手了，你这次有没有洗手，如果你没有洗手，我们要不要一起去洗呀，如果你已经洗手了，那你就可以开始吃饭了！"然后是我们两个人开开心心一起去洗手。

如果他总是记得吃饭之前洗手，我们也会通过夸奖的方法肯定他："宝宝做得太棒了，每一次吃饭之前都记得洗手，这个事情真的挺难的，妈妈都常常做不到，下一次你洗手的时候也可以喊一下妈妈跟你一起去！"

有时候顺带也会加上一句："每个人都要为自己的健康负责任，妈妈要为自己的健康负责任，你要为你自己的健康负责任！"想让孩子养成的习惯，我们自己也要这么做，然后做的时候把它说出来，并且让孩子提醒我们一起做，他会很愿意带着我们做的。

以上三点都很重要，除此之外，我会再举几个例子，方便妈妈们更好地协助孩子养成更多的好习惯。

我们家多多养成了每次吃完饭之后漱口的习惯，这是因为一开始我们会用讲故事的方式形象地告诉他，每一个人吃完饭之后，嘴巴里都会残留一些食物的残渣，如果没有及时漱口，那些残渣会在我们的口腔里腐蚀我们的牙齿，会导致我们产生蛀牙。同时，我们也会给多多读一些绘本，让他看到食物残渣在口腔当中残留之后的情况。

再比如专注力的培养，我们家会订立一个闹钟，我会跟孩子说："妈妈每天都要保持学习的状态，我在学习的过程当中非常喜欢自己专注做自己的事情。如果你也想像妈妈一样很喜欢做自己的事情，要不我们约定一下，来定一个闹钟，在闹钟响起之前，我们都不要打扰对方。"

有的时候我会故意打扰多多，然后又提醒他说："哎呀，妈妈刚刚好像打扰到你了，妈妈这样做是不对的，我要注意一下。"他反复看到我的行为之后就会很愿意配合我，跟我一样专注地做事了。

作息时间的养成也是如此，我们会教他学会看时钟，并会要求他在固定的时间进入房间准备睡觉。所以多多在很小的时候就知道怎么看时钟了，他甚至常常提醒我们："哎呀，妈妈，时间到了，我好像忘记去睡觉了！"我们会夸奖他真棒，然后跟他一起进行睡前的各种各样的仪式和流程。

在这里再给大家分享一个小插曲，多多现在是一名小学生了，有段时间他总是在七点多一点就起床了，其实我是希望他能够睡到接近要出门的时间再起床，起床后刷牙、洗脸、喝水就可以直接出门了。

和多多进行交流之后，他告诉我说，如果他起得早就可以早点出门，早点到学校，然后老师会跟他说："哇，你真早！"他认为这样是一种表扬。

我跟多多说："老师这是在跟你打招呼，我们上学只要不迟到就好了。"从那天之后，他就能够很安心地睡到我们叫他起床了，而且从来不赖床。

在习惯养成这件事情上，我们要先想清楚想让孩子养成什么样的习惯，自己也要同样做到。同时，习惯的养成是需要时间的，而且在这个持续的过程当中他还会犯错误，我们要给他犯错误的空间。当他做得好的时候，夸奖他。做得不够好的时候也不要去否定他，而是通过比较巧妙的方式去提醒他。

最后也要让他知道这个习惯的养成不是为了爸爸妈妈，也不是为了爷爷奶奶，而是为了他自己。

3. 品德培养：从言传身教做起

父母的言传身教，在整个家庭教育环节里面发挥着非常重要的作用，孩子的品德培养中父母的言传身教更是关键。

父母是孩子的终身教师，父母的言传身教才能从根本上影响孩子，起到教育作用。

我和刘先生通过深刻的交流后，达成一个共识：在家庭里面给孩子创造宽松的环境，让他们具有探索和成长的信心。

现在学校里面会帮助孩子建立很多的规则，不知道大家是否认同这样的教育理念？而孩子长大以后，他们会遇到各种各样的事情、形形色色的人，但是并没有统一的处理标准。

所以在家里，我们大人之间在教育孩子的问题上，只是在大的事情上会达成共识。对于一些小的事情，我们并不会做统一的规定。所以我们的家庭其实就是一个小的社会，在孩子小的时候，他就会意识到，他会遇到各种类型的人，他在家里就适应了这种状况。

比如，当多多跟奶奶在某个问题产生争执的时候，他有时候会跟奶奶说："我妈妈的看法是不一样的！"我知道他想寻求我的帮助和支持。我会直接告诉他："奶奶有奶奶的想法，妈妈有妈妈的想法，如果你跟奶奶之间产生了争执，那你需要自己去说服她，而不是让妈妈去说服奶奶。"

当然，说出这段话的前提是，你的孩子明白，妈妈和奶奶都是爱他的，而不是为了逃避问题才把问题推给他。多多在很小的时候就意识到他遇到的很多问题都需要自己去沟通解决。

我们非常注重家庭氛围对孩子的影响，就像前面讲到的，父母是孩子的终身教师，也可以理解成家庭是孩子的终身学校。一个人从出生到长大，家是他最重要而且是接触最多的教育环境。

这也是为什么在品德培养部分里，我会重点强调父母以及老一辈的言传身教对孩子的重大影响。那么，父母怎样进行言传身教，这里会从四个维度展开。

第一个维度：对感情的认知

孩子对感情的认知很大程度上是来源于他父母之间的伴侣关系。所以如果父母的伴侣关系很好，这个孩子在原生家庭里面得到的滋养就是非常充足的。因此，最佳的言传身教就是你跟你先生之间的亲密关系，让孩子看见父母之间交流得非常融洽。

当然，再好的伴侣关系也会出现一些争吵的情况。即使确实避免不了，也没有必要在孩子面前争执，更不必让他看到比较重大的争吵和分离。夫妻双方应在比较冷静的情况下，避开孩子去进行交流和沟通。

我在参加一些亲密关系、亲子关系课程的时候会发现，很多人亲密关系有问题，都是因为他小时候经常看到父母争吵和打架，这些确实对孩子的身心有比较大的影响。

正在看书的妈妈们，如果你们在小时候也经历过父母之间关系的疏离，未来在跟自己另一半相处的时候，可以有意识地提醒自己，是不是小时候父母的伴侣关系对自己的伴侣关系产生了影响。我们可以借这样的提醒让自己多注意，找到问题的根源，答案也就更容易浮出水面了。

我们在伴侣关系一章里也讲到了原生家庭相关的问题，想要跟大家强调的是，18 岁之前我们可以从原生家庭里面找到原因，但是我们现在都是成年人了，原生家庭的存在更多的是让我们察觉自己，但我们唯有自我疗愈才能够自我救赎，在自己的新生家庭中为孩子营造出良好的原生家庭氛围。

第二个维度，兴趣爱好

很多父母特别想培养孩子阅读的习惯，而他们自己却只会在孩子面前刷手机。

多多对阅读的兴趣很一般，但是我常常会在家里放很多很多的书，也会让他看到我看书的场景，所以他对阅读从来都是不排斥的，他只是更喜欢其他事情。

如果你确实想让自己的孩子拥有他自己的兴趣爱好，你就不能整天宅在家里看手机、看电视和玩游戏，因为你的行为举止真的会在他的头脑当中留下非常深刻的烙印。

当然，你也可以借助培养孩子某一习惯的契机，重新开发一个自己的兴趣爱好，这真是最好不过了。

除此之外，经常带孩子的老人也可以有自己的兴趣爱好。多多奶奶每天晚上都会去跳舞，我们会对多多说："如果你想跳舞，也可以跟奶奶一起去，如果你不想跳舞，就陪爸爸妈妈散步。"

所以他知道奶奶也有自己喜欢做的事情，在兴趣爱好这点上，我们不但要告诉孩子我们有兴趣爱好，而且还要告诉他要互相支持对方的兴趣爱好。

第三个维度：语言和情绪

很多父母会说我从来不打孩子，但比打孩子更可怕的是语言暴力。

我印象当中发生过这么一件事情，有一次我们带着多多和辰辰一起出去玩。辰辰在车里动来动去不小心碰到了多多的腰，然后多多就很大声地吼了辰辰一句。我一下子也很生气，也很大声地对多多吼了一句话，然后他当场就哭了。

多多是非常会表达自己观点的人。当我抱住他问他："多多，你是因为弟弟踢到了你的腰你疼得哭，还是妈妈说话很大声你被吓哭了。"多多直接告诉我说是因为妈妈说话

的语气让他觉得很不舒服，所以他哭了。我马上向他道歉，
"妈妈刚刚确实做得不对，下次一定会注意。"

说实话，在育儿路上，我们也不是神，完全没有情绪
真的很难，但是我们意识到自己有情绪后进行调整和优化
是非常重要的。当意识到自己确实做错事时，不仅要道歉，
也要在下一次更加注意，降低类似事情发生的频率。

第四个维度：沟通和表达

因为我和刘先生之间的交流方式是，我们会就很多
问题进行充分的沟通，这样孩子就会明白我们都是单独
的个体。

我对刘先生有什么意见的时候，会温和地表达出来。
所以多多受我们的影响，也会充分沟通和表达。

充分沟通和表达跟品德的培养有非常直接的关系，一
个人品德良好的表现就是他能沟通也能讲道理，而且在不
同的场合他会知道怎样做事能够更礼貌。

品德并不是指我们要把孩子应该要有的品质一条条拎
出来去分析，而是我们父母把自己能够做到的状态、方法
和行为方式呈现给孩子，他就会知道，怎样做才是正确的
做法。

这四个维度，我认为是父母或者是整个家庭应当关注和需要注意的。

4. 亲子沟通：提问与约定的力量

任何人之间相处一定会产生冲突，解决冲突最好的方法就是双方进行沟通，那跟孩子怎么样才能进行有效的沟通呢？我将亲子沟通的两个方法分享给大家。

在分享这两个方法之前先给大家讲一下我们家在处理孩子想买玩具这件事情上的做法。当我们带孩子出去玩，他看到一个玩具想要买，再看到一个玩具又想要买，但我们又不能他想要什么玩具都给他买时，我们会先提问："多多你喜欢什么样的玩具？你是不是特别喜欢收到爸爸妈妈送给你的礼物？"他的回答肯定是喜欢、想要礼物。

我们会告诉他，爸爸妈妈特别喜欢他，而且特别喜欢送给他所喜欢的礼物，也特别喜欢看到他收到礼物时非常开心的样子。然后再跟他沟通，礼物太多根本玩不过来，而且家里堆了很多的礼物看起来也会比较乱。

他去朋友家玩，也会提醒我们给他的朋友准备礼物。

借此，我们会跟他分享：如果每天都被礼物包围，那就没有惊喜的效果了。然后也会跟他交流，什么样的情况下收到礼物是最开心的，我们共同得出的结论，就是在节日的时候收到礼物会非常惊喜。

最后，刘先生想出了一个办法：他拿出了一本台历，跟多多一起找出多多想要收到礼物的节日。比如六一儿童节、圣诞节、春节等，然后把他每个想要收到礼物的节日都圈出来，他们共同沟通约定，在这些节日的时候刘先生送给多多礼物。

我们告诉多多，可以提前告诉我们想要什么礼物，我们会提前去准备，然后会在节日时给他惊喜。这么做的好处是，孩子会觉得节日很有仪式感，而且也特别开心。

他也会认识到这个送礼物的行为是双方的约定，假如他会在非节日的时候也想要礼物，我们会提醒他赶紧去看一下台历，看看下一次节日在哪里，他会非常开心地去看节日的日期，礼物本身反而变得没有那么重要了。

大家一定发现，我们在沟通给多多买礼物的过程当中用到了提问引导的方式，在这种方式下和他有了共同的约定。当多多发现自己忘记约定的时候，我们又会提醒他：这个约定是咱们之前就做好的，我们要共同遵守。

我还会增加这样一个小环节，比如有时候看到一个礼物特别想买给多多，也会在约定之外的非节日当作惊喜送给他，送给他时，我会告诉他说："哇，这个礼物是妈妈突然发现的，我特别想要提前送一份礼物给你，你喜欢吗？"我会发现多多会感到非常开心和满足。

当然，不同的孩子是不一样的，如果你发现你这么做之后，你的孩子会认为打破了节日才能收礼物的规则，那下次就不要再这么做了。因此我再一次强调，一切方法都是你学会之后，再根据你使用过程中孩子的反应去做一些调整。

下面我给大家剖析提问和约定两个方法：

第一个方法：提问

提问需要从自己的需求出发，结合孩子的特点以及反馈意见及时进行调整和引导。

陪多多做作业，遇到他经过思考但还是不会做的有难度的题型时，我不会马上告诉他答案，而是会和他一起读题，把题目讲解给他听，并引导他自己得出答案，每一次我都能看到他自己解答出问题时开心的表情。

很多父母会觉得孩子就应该把全身心都放在学习上，

这样想没有错，但其实玩玩具的过程中也可以引导和激发孩子的兴趣和自信心。比如，多多特别喜欢挑战搭乐高积木，尤其是那种有数百个步骤，说明书就有一厚本的乐高积木。

我常常会跟他说："哇，这个乐高太复杂了，妈妈真的是看不懂，你能不能告诉妈妈这两步是怎么做的？"用这种提问的方式去引导他。

提问的要点：

- 提问前先参与到孩子的活动中，而不是一上来就提问，显得很突兀。

- 提问要明确，如果太复杂，孩子听了之后不知道该怎么回答，反而会弄巧成拙。

- 向孩子提问的过程中语气和姿态要保持与孩子平等，我常常会蹲下来和他保持一样的高度，用温和的语气和他沟通，这样能够快速营造交流的氛围。

第二个方法：约定

你有没有遇到过孩子外出总是要吃各种各样你不想让他吃的食物的情况？

我们在外出之前会提前跟他约定，今天妈妈带你出去玩，但是今天跟上一次不一样。上一次你想吃什么，妈妈都满足你了，但是最近你感冒了，所以我们要提前约定好这一次去到外面，如果遇到你现在不适合吃的食物，妈妈会提醒你，并且可能会拒绝给你吃。

我们家很多的约定都是与多多共同确认过的，所以多多做到了之后我们也会表扬他。当然，有时候这样提前约定，他也会耍赖，这时我们就会态度比较温和但是语气非常坚定地告诉他咱们提前约定过，妈妈答应你，等你好了之后，不需要你主动提出来，妈妈就会带你去吃你想要吃的东西，这样多多就会很配合。

约定的要点是：

- 事情发生之前先做好约定。
- 事情发生的时候，如果双方都遵守，给予鼓励和肯定。
- 如果孩子不遵守，要态度温和语气坚定地提醒对方。

上一章讲伴侣关系的时候讲到了关于情感账户的概念，父母跟自己孩子之间其实也是有情感账户的，他会不断地记得你对他的好，如果我们的某些行为确实做得不够恰当，他也同样会记得的。

当然，孩子对父母的爱是无条件的，但是如果父母一直否定孩子，孩子不会不爱父母，但是却会变得胆小且不自信。期待大家在亲子关系上找到自己的方法，轻轻松松拥有好的亲子关系。

在养育孩子的过程中会遇到许多问题，最重要的是学会和孩子沟通，善于提问引导和鼓励，并与孩子一起制定且遵守约定。

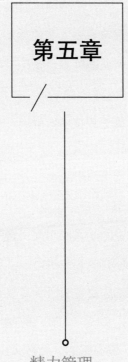

第五章

精力管理：

你的能量如何超乎想象

1. 情绪管理：想要拥有好状态，先管理好情绪

仔细回想一下，当你有情绪的时候，是不是很容易做出错误决定，而且很容易进入恶性循环。比如，妈妈们在陪伴自己的孩子做作业的时候，孩子没有像自己期待那样完成作业，我们很容易会有负面情绪出现，一旦情绪失控，很可能会做出责骂孩子的行为，最后，不仅作业问题没解决，大家还都不开心。

做好精力管理常常会忽略掉一点，就是想要拥有好状态，先要管理好情绪。

我有一名很上进的学员叫小美，她的主业是一名销售经理，副业是主讲理财内容的讲师。去年，因为她所在的公司要扩大业务，就导致身为经理还要兼职讲师的她，在那一段时间特别忙，要经常加班，所以当时她的精神状态特别差，整个人都无精打采的，经常沉着脸。

团队里的小伙伴因为担心小美，就把小美的状况和我说了，希望我开导开导她。于是我就将自己调整情绪的方法告诉了小美，她根据我总结的方法尝试了一下，不出一周就有了很大的改观。

你有没有发现，大部分时候，不是事情本身困住了你，

是你对待事情的看法和反应，让你做出了不理智的决定。这种不理智的决定，绝大多数情况下都伴随着负面情绪产生。而情绪的滋生，则来自于你的大脑。

在讲干货之前，我们先一起来认识一下大脑和情绪之间的关系。20世纪60年代，美国科学家保罗·麦克莱恩（Paul MacLean）提出了一种理论，认为人的大脑分为三层：

第一层脑称作爬虫类脑，也是最原始的大脑。这一部分大脑掌管个体生成问题，对家人、朋友、娱乐等毫无概念。在人脑中，爬虫类脑主要包括脑干和小脑。其中，脑干负责维持生命的重要功能——心跳、呼吸和新陈代谢。

第二层脑称作哺乳动物类脑，俗称为情感脑，这部分大脑主要包括杏仁核，这是一个比爬虫类脑更高级的结构组织，对外界危险的警惕性更高。在物种的进化过程中，人类还产生了更为复杂的哺乳动物类脑——海马体，这一部分大脑能够更精确地观察和感知外部世界，是人类的情感中心。

第三层脑即最高级的大脑就是我们所俗称的理性脑——大脑皮层，这是大脑的主要组成部分，占整个脑体积的5/6。它由丰富的神经细胞构成，连接海马体和前额叶皮层。人的思维活动发生在这一区域，它控制着所有高级、有序的抽象逻辑思维。

我们的情绪，是情感脑对信息进行处理并产生认识的结果。一般情况下，情感脑是非黑即白的，如果你得到他人的尊重或者认可，情感脑会产生愉悦类的情绪；如果你得到他人的批评或者否定，情感脑会产生负面的情绪。

为什么我们常常会抑制不住情绪？有一个非常重要的因素是，控制情绪的情感脑对信息的处理速度是理性脑的50倍。如果你的生活不想被情绪一步步毁掉，了解大脑的本能反应之后，我们要对不良情绪及时喊停。

看看身边那些情绪控制能力不强的人，也许包括我们自己，是不是大部分时候争执的事情一开始根本没有那么严重，但因为某一方没有控制住自己的情绪，另一方在情绪氛围的渲染下，也参与进来，场面开始失控。

事实上我们都知道，只要参与争吵的双方，有任何一方及时喊停，双方都有极大概率冷静下来。从应激反应的角度出发，以下几种行为，都属于及时喊停机制范围内：

- 察觉自己。一旦察觉到自己有情绪，一般情况下，情绪已经释放掉了 50%。我会与自己进行一些简短的对话，提醒自己情绪化并不能解决任何问题。
- 提醒对方。重点要看你与对方之间的关系，熟人之间更适合用这一招。

- 离开现场。二话不说先离开，环境是最佳情绪助长剂。

以上三点，察觉自己是最为重要的。察觉了自己的情绪状态之后，为了避免自己无法冷静，我还会提醒对方或者自己暂时离开现场，让喊停机制完全生效。

及时喊停机制的关键点不在于你能否把问题想清楚，而在于你愿意在任何状态下，通过喊停切断情感脑先于理性脑对事件做出的不理性反应。因为道理大家都懂，要做到还是很难！

在心理学上非常著名的"踢猫效应"是这样说的：一位父亲在公司受到了老板的批评，回到家就把沙发上跳来跳去的孩子臭骂了一顿。孩子心里窝火，狠狠去踹身边打滚的猫。猫逃到街上正好一辆卡车开过来，司机赶紧避让，却把路边的孩子撞伤了。这就是心理学上著名的"踢猫效应"，描绘的是一种典型的坏情绪的传染。

我的转变，产生在人生的两个重大节点：一是我儿子的出生，我希望自己能温柔地对待他，以及尽量减少因为意外的冲突而给他带来任何的伤害。二是30岁之后，我彻底意识到，情绪管理是人一生最大的课题之一。因为这两个原因，也因为及时喊停机制让我感受到情绪不会蔓延的好处，我开始真正摆脱了情感脑对我的控制。

如果你不想自己的生活被情绪一步步毁掉，就必须学会直面自己的情绪。通常情况下，情绪本身对解决问题是起不到任何作用的。

如果你能冷静下来，往往可以想出更好的解决办法。问题被很好地解决后，产生情绪的根源也就不复存在了。和你共同制造问题的对方，也会被你良好的情绪控制能力所感染，丝毫不会因为情绪影响双方的感情。

情绪对一个人的成败，会起到相当重要的作用，如果你不想成为情绪的奴隶，喊停是最简单有效的做法。情绪的失控，绝对不是单点事件，而是连续性事件。我们需要找到前因后果，才有可能识别不知名情绪，让正向情绪的影响力不断得到扩大。

这就好比我们都知道，当身体产生疼痛时，除了当下有药可以治愈，也要在身体疗愈后，平时多注意锻炼身体增强体质，从而降低生病的概率。

一些明显的情绪问题，我们都能感知到，但是有一些连自己都无法意识到的消极情绪，正在悄悄侵蚀我们内心的正能量。对我来说，以下内容会被我归纳入自我管理角度的消极情绪管理清单中：

- 玻璃心。过分受他人话语、行为影响。

- 对自己过分苛刻。总是责备自己，对自己要求很高，达不到目的时，容易陷入懊恼、自我怀疑的情绪当中。

- 对亲人不够关心。对亲人的态度差，容易和亲人争吵，对他们关心不够。

- 容易后悔。永远都觉得自己做的选择是错误的，总是质疑自己。

- 完美主义。总觉得自己准备不够，把时间花在犹豫是否要开始行动上面。

- 关注的事物过于狭窄。接触面很窄，生活中只有工作、孩子和伴侣，这些出现一点点的问题，对自己就会有很大的影响。

- 没有兴趣爱好。没有找到从内心出发最有意愿和有兴趣要做的事。

……

消极情绪清单列出后的作用在于：对源头进行控制，时刻警惕这些情绪对自己产生的未知影响，把情绪的影响范围降到最低。除此之外，我给大家梳理出了最容易触发情绪的三大维度：

第一个维度：人物

在做自媒体之后偶尔会遇到一些读者，她们可能自己状态不是太好，在给我留言的时候特别不客气。

我以前还会非常认真地去回复这些留言，后来我发现我怎么开解都不管用。所以面对这种类型的留言，我现在只会采取两种方式：一种方式就是完全不回复；另一种方式就告诉对方，我这边不做免费咨询服务，如果想要跟我聊具体的问题需要预约我的咨询。

再比如，我身边也出现过自我调节能力不是太强，负能量比较重的朋友。以前每一次当对方向我吐槽的时候，我都会安慰她，结果发现自己也会受到对方的影响，后来我就渐渐减少了跟对方的接触。

提前想明白什么类型的人具有负能量会让自己变得消极，可以提前做好准备，避免受到对方的影响。

第二个维度：事件

我非常反感别人跟我讲善意的谎言。也就是说，即便是你认为这样做我好像更容易接受，也不要用善意的谎言来欺骗我，我更愿意接受事实。

我们有时候也需要花些时间，把什么类型的事件会影响我们的情绪想明白，这样做有两个好处：一是跟对应的人把相关事件提前进行沟通，降低滋生情绪的可能性。二是如果遇到对方不配合的情况时，我们也可以提前在心里做好准备，即便这些事情真的发生了，我们也会更容易接受。

至于哪些类型的事件更容易引发一个人的不良情绪，不同的人会有不同的感受。比如被人误解、被人欺骗、被人嘲笑等类型的事情，都非常容易引发一个人的不良情绪。大家可以根据实际情况记录引发自己不良情绪的事件，由此分析出什么类型的事件容易触发到自己的不良情绪开关。

第三个维度：环境

比如，你特别怕嘈杂和混乱的环境，你就要尽量规避，可以给自己准备好一副降噪耳机。

再比如，你很怕群消息非常多的社群，你就提前把它设置成免打扰。我的手机里无论多重要的群，都是设置免打扰。同时，我把下载的 APP 全部设置免通知。当然，一些比较重要的群我会定期去查看里面的消息。或许，这样会错失掉一些重要信息。但 90% 以上都不是我想要的。

从人物、事件和环境的角度出发，可以简单又高效地逐一破解情绪问题，帮助我们成为情绪稳定的新时代女性。

学习到及时喊停对情绪管理的帮助后，我们再来看看管理好情绪的根本解决方案。

很多呈现在我们眼前的现象只是表象，背后还有更深刻的原因。比如，伴侣之间吵架，很多时候真的不是因为引发吵架的那件事，更多的是因为这段时间沟通不顺畅，内心有所不满造成的。

所以我们需要认识产生情绪背后的真实原因，喊停之后我们要做冷静的分析，透过表象真正识别自己的情绪。

我们先要有意识不要被情绪的表象所迷惑，只要我们内心坚定地相信任何情绪背后都是有原因以及解决方案的，我们就有可能进行行为上的调整。

虽然觉察情绪的源头比行为调整更重要，但还是要在觉察情绪的情况下学会一些行为调整的技巧。你可以自己分析这些技巧，也可以跟让你产生情绪的对方一起来分析，还可以向你认为可以给你提供帮助的人去请教，或者是通过上课、看书等方式去学习一些方法。要把想到的方法在第一时间写下来，只有写下来，才能进一步在大脑当中得到强化。

　　我建议大家建立一份情绪清单，当你遇到各种各样情绪问题时，你可以在笔记本里面记下来，找出最容易出现情绪问题的前三件事情是什么，然后把注意力放在这三件事情上进行解决。

　　这与时间管理篇提到的黑洞清单的概念有相似之处，但是情绪管理很容易被女性朋友们忽略，所以再一次提醒大家重视自己的情绪管理。

2. 仪式感休息：五个方法，时刻保持高能量好状态

　　如果你认为高效能人士是完全不休息的，那你就大错特错了。我们不止会休息，还会进行仪式感休息。

　　我们的精力特别像手机电池，没电了需要充电，如果不充电，手机就会自动关机，休息就是我们恢复精力进行充电最好的方式。看到这里你可能会产生疑问：我也休息，为什么我休息完的效果跟你不一样呢？新时代女性应该如何选择休息方式，才能快速补充能量呢？

　　在这里我会分享被动休息、主动休息、仪式感休息三种休息方式给大家，这三种休息方式最大的区别是我们能

不能拿回对自己人生的掌控权。希望大家能够成为一个会休息的人。

第一种：被动休息，听从自己的身体反应休息

我有一个女学员小优在学了我的时间管理课程之后，跟我说她用了高效利用时间的方法，觉得特别有效，但是同时，她也觉得特别累。听到这个反馈，我第一反应是：是不是我的方法不够好。

当我了解小优的情况之后发现，问题就出现在她太想要管理好时间上。她听完课之后，把每一分每一秒都利用起来，一点点都不肯浪费，导致休息时间被挤压得所剩无几，自己变得非常疲惫。

我想问正在看书的女性朋友们，你是口渴了才喝水，饿了才吃饭，困了才想睡觉这种类型的人吗？或者你的所有作息都是没有规律的吗？

妈妈们都知道孩子吃饭是相对没有规律的。这个没有规律，是指孩子很难像成人那样一日三餐都定时定量，他们基本上隔两三个小时就需要进餐。

我发现很多妈妈会跟着自己孩子的作息进餐，不是指她们适应了孩子的作息之后规律性地进餐，而是带孩子时，

孩子在什么时候吃饭，自己也在什么时候吃饭，然后等到工作日，又恢复自己一日三餐的进餐时间。这样一来在吃饭和休息这件事情上是非常被动的。

看到这里，如果你的答案是：哎呀，我真的就跟上面描述的状态一模一样，那你就是跟小优一样，属于被动休息的人。我对学员做过调查，数据表明有超过 60% 的人属于这种类型的人。

对休息方式进行分类最主要的目的是为了让大家意识到，自己现在的饮食和作息时间都是不够规律的。在确认了自己的休息类型之后，要改变起来就没有那么困难了。

第二种：主动休息，主动安排自己的休息节奏

学员小优完全没有自己规律的饮食和作息习惯，这种是属于被动休息的方式。如果你的情况跟我刚刚描述的不一样，那么请看接下来的描述。

假设你是一位全职妈妈，你知道自己孩子的作息没有那么规律，但是自己是很规律的，你会提前为自己准备好午餐要吃的东西，到了中午要吃午饭的时候，即便孩子在你身边，你也会把自己提前准备好的午餐拿出来吃。如果

刚好碰到孩子已经午睡了，就可以给自己准备更丰盛的午餐。如果你属于这种类型，你就是会主动休息的人。

当然，什么东西都要有规律都提前准备好确实很困难，但是我们要相信日积月累的力量。如果我们在平时就养成这样的习惯，并且把这个习惯深深地植入到我们的脑海里，在最开始执行这些习惯的时候肯定需要一些意志力，但长期这样坚持，习惯就会变成自然而然的事情。

我是一个心态年轻，做事有干劲，但生活作息却跟老年人一样的人——早睡早起，定点吃饭，每天还要随身携带保温壶。

正是因为如此，我才能够保持着现在大家看到的样子：不仅是形象的年轻态，并且精力非常充沛。

主动休息类型的人大概有 30%，如果你能够做到主动休息，你的精神状态和精力都不会太差。

第三种：仪式感休息，设置有别于日常的休息方式

能够做到仪式感休息的人占比大概是 10%。仪式感休息是指我们除了要按时吃饭、按时睡觉之外，还要有更高维度的休息方式。最直接的方式当然是保持运动的习惯了。条件允许的情况下，可以每隔一段时间出去旅游一次。如

果你和我一样是妈妈，亲子旅游也是非常好的仪式感休息。

我个人最看重的仪式感休息方式是运动。很多人会说我也想锻炼身体，但是真的是没有时间。

我身边的成功人士几乎都非常注重通过运动的方式来保持自己充沛的精力。身体是革命的本钱，尤其是每天都特别忙碌的情况下，更需要抽出时间来锻炼身体，才能保证自己有足够的体能去应付我们忙碌的工作和生活。

我相信不少女性朋友看到这里会说，这个道理我也知道，那个道理我也知道。对这一点，我也想要给大家提个更高的要求：如果你真的想让自己成为一个真真正正高能量状态的人，就不要把知道这些熟悉的道理当成一件多么了不起的事，而是应该把你也能做到这样的一个状态当成是值得骄傲的事情。

有很多人对我的印象是我这个人一定是个工作狂，真实的情况并不是，永远都不要忘记一点：我们那么努力，就是为了能够拥有更加自由的状态去享受生活。所以在我看来仪式感休息，是需要贯穿在我们每天的生活当中的。

比如状态不好的时候，那就二话不说去跑个步；心情不好的时候，那就约闺蜜去喝个下午茶。

每个人都是喜欢新鲜感和拥有独一无二的生活状态的，

如果你对某一种仪式感休息已经免疫了——天天都做，好像没有什么新鲜感了。那每隔一段时间增加一项新的仪式感休息方式，这样才能够更加享受仪式感休息给自己带来的这种新鲜感和幸福感。

另外，我还有一个恢复精力的小方法告诉大家，我常常会在自己压力比较大的时候选择去看东野圭吾的小说。因为东野圭吾写的小说是推理类的，小说情节特别紧凑，我常常是看完之后会感到：哇！一身冷汗的感觉，之后整个人会特别放松，很多烦恼的事情都会忘记了。

看到这里，我希望每一位女性朋友都能重新认识自己——问自己是被动休息，主动休息，还是仪式感休息？希望每个人都能摆脱被动休息，进入以主动休息 + 仪式感休息为主的状态。

我希望每一位女性朋友都能够时刻提醒自己：更好的休息是为了让我们时刻保持高能量、好状态。这个行为特别像是我们要去一个地方特别担心自己迟到，然后设了一个闹钟提醒自己几点钟出发。如果我们非常重视自己的能量状态，也要随时提醒自己让自己恢复到我们最享受的状态。接下来，我分享五个方法，让大家时刻保持高能量、好状态。

第一，觉察自己的状态

状态有好坏之分，好的状态之下精力充沛，做任何事都很带劲儿，相反，状态不佳的时候会有以下表现：对任何事情都提不起兴趣，不想跟其他人做任何交流，晚上睡得不好，胃口也不好，跟孩子多讲几句话就好像要生气了……

另外，以前很喜欢做的事情突然无法继续了，也属于状态不佳。比如，你很喜欢看书，但是突然发现自己怎么都看不进去一本书；或者，你以前很喜欢听我讲课，现在却总是在挑刺：Angie 老师讲课怎么那么快呀！总之就是觉得什么都不如意。

真实的情况是自己身上并没有发生什么大的问题，就是自己的心情有一些变化。于是你看事情的角度也有相应的变化和调整，看到什么事情好像都是相对消极和负面的。每个人都会有状态低迷的时候，但是如果状态持续低迷而没有被发现，就很容易沉溺在这样的状态里。

第二，准备自己的放松清单

我们状态不好的时候一定要做自己最想做和最喜欢做

的事情，有可能连自己最想做的事情都提不起兴趣，更何况其他内心没有那么想做的事情呢！

事实上，当自己状态不好的时候，对很多事情都提不起兴趣。但如果你在平时就有意识地去收集和准备自己喜欢的放松清单，在你状态不好的时候就很容易能找到放松的方式。

我状态不好的时候很喜欢看电影。如果我没有提前准备好要看的电影清单，又会处在找电影的焦虑中，状态往往会更差。但是如果我已经提前把自己喜欢看的电影下载好放到 App 里了，那么我只要发现自己状态不好，打开手机 App，马上就有自己喜欢的电影可以观看了，那种感觉真的非常爽。

当然，你可能不喜欢看电影，你就需要根据自己喜欢做的事情做准备。比如你喜欢看一些综艺节目，可以提前先找到下载好；如果你喜欢看一些搞笑的书籍，也可以提前下载或买好。总之，时刻准备好自己的放松清单。

第三，选择"镀金"的放松方式

放松方式可以分为"镀金"和"非镀金"。镀金的放松方式是跑步，阅读自己喜欢的书籍，或者是看自己喜欢的电影。

非镀金的放松方式是无聊刷屏，或者是找一些人故意挑刺，以自己开心为目的去讽刺对方，把自己的快乐建立在别人的痛苦之上。特别提醒大家，尽量选择镀金的放松方式，因为这种方式才能让你真正放松下来。

第四，约知己一起喝个下午茶

有时候我们想不明白的问题，懂我们的人只要说一两句话就可以点醒我们。所以，约知己一起喝个下午茶吧。这个知己一定得是你非常喜欢，对你又有了解，而且还喜欢倾听你的人。

如果你是属于在心情不好的时候想要表述自己很多想法的人，那么一个懂得倾听的闺蜜真的很重要。但如果你是一个很喜欢热闹的人，那么选一个很活泼的闺蜜可以把你从低迷的状态里拉出来。

第五，学会接纳自己

如果你听了我的很多方法，也做了尝试还是没有用。你要学会告诉自己：我现在就处在状态很差的状态里，即便是我现在状态很差我也接纳自己。这个接纳不仅是你心态平和地接受了自己现在所处的状态，更重要的是，你要提醒自己保持好的能量状态。

3. 精力管理：新时代女性如何轻松拥有精瘦体质

在最近参加的社交活动中，有人夸奖我说，你现在看起来非常精瘦，我才了解到精瘦这个词，那精瘦代表什么意思呢？

精，代表的是精气神；瘦，代表的是身材的紧致。简单来说就叫作瘦得精神抖擞。

我刚生完第一胎的时候真的非常瘦，只有 70 多斤，但看起来是干瘪的瘦。当时大家看到我的时候给我的评价就是："哎呀，Angie，一阵风就可以把你吹倒了。"但是现在生完二宝之后，很多人看到我之后会说："哇，你真的是很瘦，而且精神状态看起来非常不错。"

事实上我比刚生完一胎时候的体重重了 20 多斤。所以千万不要一味追求看起来很瘦，这样是没有意义的，我们一定要精神饱满能量充足地瘦。

那女性朋友们怎样做才能拥有精瘦的体质呢？本节将

会从饮食、运动、作息、冥想四个维度分享我的方法。如果女性朋友们在看本节内容的过程当中，感觉对自己有帮助，请直接把它使用起来。

第一个维度：饮食

女性朋友们要拥有精瘦体质，在饮食上需要注意两个方面，第一个方面是一日三餐。

一日三餐的建议时间：早餐的时间最好是 8：00 左右；午餐的时间是 12：00 左右；晚餐的时间是 7：00 左右。

因为很多女性朋友都是上班族，所以对进餐的建议时间进行了微调。其实正常晚餐最佳时间是 6：30 左右。

如果你发现当天工作很忙，要回家做饭吃肯定会超过8：00，我建议你直接去购买一些简餐，比如蔬菜沙拉等在6：30 的时候进食。

如果你发现自己没办法养成定时吃饭的习惯，推荐你使用定闹钟的方法提醒自己定时吃饭。

一日三餐的搭配：早餐一定要吃得又多又丰盛，建议多吃谷物类、牛奶类和高蛋白类食物，即便多吃也不易肥胖；午餐吃得饱是最重要的；晚餐尽量少吃碳水化合物。

你可能会说："我会饿。"跟大家分享一个做法，就是逐渐降低你的进餐量。不要要求自己一下子从每顿吃一碗饭变成每顿只吃两口，可以从每顿吃一碗饭变成吃大半碗，再变成吃半碗、小半碗、数口饭，我现在晚上的进餐量真的就是数口饭的主食。

其实所有的习惯都是我们多做之后养成的潜意识的反应，在最开始养成习惯的时候，可能真的需要有一些意志力。但你养成习惯之后，你的身体会觉得很舒适，而且你也会很喜欢这样的方式。

第二方面是喝水量。水是生命的源泉，看到这里，我希望你可以端起你的水杯先喝一口水。喝水需要注意什么呢？

第一，尽量喝温开水。喝温开水的好处是不会对身体产生刺激，身体会觉得非常舒服，也可以泡一些养生的茶饮，比如红枣茶、玫瑰花茶等等。

第二，喝水量不要太少也不要太多。比较合理的饮水量是 1.5~2L/ 日，喜欢喝汤、喝粥的女性朋友，喝水量可以下调至 1~1.5L/ 日。

除此之外，我还有一个喝水习惯分享给大家：每天早上起床之后，我都会喝下一大杯温开水，喝下去之后整个身体都非常舒服。

第三，科学选择零食。不建议大家将油炸食品作为零食，可以买些每日坚果包和水果。当你嘴馋和两餐之间有些饿的时候吃。

第四，健康减肥。我身边有很多的女性朋友为了减肥去吃减肥药，一不吃就反弹。这里跟大家强调：不要再吃任何减肥药了，减肥没有任何速成的办法，健康饮食以及合理运动是最佳的减肥方式。

大家还有一个误区，会认为减肥最重要的是运动。其实不是的，减肥过程中三分靠运动七分靠饮食。比如油炸食物尽量不吃，淀粉类的食物一定要少吃，但不能不吃。所以控制好油炸食物和淀粉类食物的摄入，体重就可以慢慢下降。

看到这，我不知道大家是痛苦还是很开心。因为真的不少女性朋友怎么都运动不起来，但是让她少吃还是能做到的。

这个控制不是指一直都控制，你可以在日常的工作日控制，在周末的时候遇到一些自己特别喜欢吃的食物，可以适当增加一些摄入量，这样既能控制饮食，又能保证心情不会因为长期克制而变得糟糕，也不会对减肥有太大的影响。我就是如此，现在整个人的感觉真的是非常不错。

第五，饮食时保持心情愉悦。千万不要在吃饭的时候让自己的心情变糟糕，如果长期这样，吃进去的食物真的不会变成很好的养分。所以，我建议大家找自己喜欢的人一起吃饭。

最后要提醒女性朋友们的一点是，很多妈妈喜欢把孩子没有吃完的食物吃掉，我自己从来不这么做。我建议大家，不要为了避免浪费，而把没吃完的食物吃掉，正确的做法应该是下一次不要再做那么多。

女性朋友们一定要记得不要过量吃食物，大概是七八分饱就好了，然后你的胃会慢慢适应你的状态。

第二个维度：运动

运动有以下几点要注意。

第一，运动的便利性。我见过很多女性朋友，她的公司和家附近都没有健身房，然后找了一个相对靠近公司或者家的地方，办了健身卡，但最终还是觉得太远了，不想去，最后卡就过期了。所以便利的运动方式是我们能够保持运动的一个非常重要的前提条件。

我原先住的小区特别大，很适合跑步，所以我没有办健身卡，而是每天回到家或者是早起之后，在小区跑步。

后来我搬到深圳南山居住，南山的小区比以前罗湖的小区要小。但我发现办公室旁边就有一个健身房，于是就办了一张健身卡，每天都去健身房健身。

第二，快走。如果你现在还是没办法下定决心运动，你可以以快走的方式来开启自己的运动。

快走的好处非常多，不仅可以缓解情绪，快走 30 分钟以上还能起到锻炼身体的效果。快走的速度应是平时走路速度的两倍，走起来呼吸微微有些急促，很适合膝盖受伤或者是担心膝盖受伤不敢跑步的女性朋友。

如果你是坐公共交通工具上下班的，那你就可以提前一两站下车，然后走回家。如果公司跟家之间的距离比较近，那你可以直接走路上下班。我每天都是走路下班的，当天的基础运动量也就达标了。

第三，带孩子运动。我们家最喜欢的运动方式就是全家人带着孩子去楼下运动，比如跳绳、跑步，或者是孩子骑车，我们跑着追他等等。真的是一举两得的好方法，遛孩子的同时也可以锻炼好自己的身体。

第四，舒展运动。现在很多女性朋友都会有肩颈方面的问题，我自己也是如此，所以我现在养成一个习惯，时不时站起来舒展一下筋骨。

另外一个方法是每天吃完饭后靠墙站，让自己的身体保持这种非常好的姿势，整体的身体状态都会好很多。

第五，找到多维度意义。如果你想要养成并长期保持运动的习惯，那么每一次运动的时候都告诉自己，通过运动我能获得以下意义：

- 通过锻炼，我的身体会更健康，精神更抖擞，精力更充沛，耐力更强。
- 通过流汗，让自己身体更轻盈。
- 坚持运动，增加跟别人的谈资。

很多人无法坚持做一件事，是因为只为做这件事找了单一方面的意义，当这个方面的意义无法实现时，就会想要放弃。如果你能为运动找到多方面的意义，你还会想要放弃吗？

第三个维度：作息

女性朋友们想要拥有精瘦体质，需要有一份健康的作息清单。不规律的作息对身体的伤害不可小觑。比如，睡不好觉对我们的影响特别大，工作和自身的状态都会受到影响，所以我想把这部分单独拿出来和女性朋友们进行强调。在这个部分，我想分享七点。

第一，养成规律的作息习惯。其实规律的作息习惯不是指一定要早睡早起，但是如果能有这个习惯，对于女性朋友来说，精神状态会更好，更容易找到个人的成长时间和空间。所以，这个部分，我来分享如何尽量养成早起的习惯。

需要跟大家说明的是，很多人会误以为早睡了就能早起，事实上是反过来的，正确的做法是早起了才能早睡。试想一下，你为了第二天早上能够早起，早早就上床睡觉了，结果是你在床上翻来覆去睡不着，而且极有可能导致失眠。但如果你保持早起的习惯，就一定能倒逼你晚上早睡。当你习惯早起，你会发现晚上困意袭来的时间会越来越早，所以你要做的是在困意来袭之前，做好睡觉的一切准备，困意来袭时倒头就睡。

另外，早起早睡也不是让你本来每天都是八点起床，一下子调到五点起，那样坚持不了几天就会打回原形，你可以先从 07：45 起床开始做起，然后逐渐让自己成为一个早起型人。当你养成早起习惯，并享受到早起带来的好处时，你一定会非常感谢我。

第二，建立睡前仪式。我在睡觉这件事上是有专属于我自己的睡前仪式的。在本书时间管理部分的章节里已经写到。女性朋友们可能会说："有孩子也可以有睡前仪式吗？"

真的是可以的，谁都可以有睡前仪式。如果你的孩子是很晚睡的，那你的睡前仪式就是陪孩子一起睡。如果你的孩子是很早睡的，你就可以按照自己的节奏安排。

第三，重视卧室的布置。如果你想让自己睡眠质量好一些，卧室的布置非常重要，包括窗帘是否遮光、门窗是否隔音，还有温度、湿度是否是你最喜欢的状态。

第四，培养孩子规律的作息习惯。如果你和我一样是妈妈，一定要有意识去调整孩子的作息时间，不然每一次睡觉都会很痛苦。

很多孩子本来的作息是很规律的，就可以用第一点提到的逐步调整早起早睡法来调整孩子的作息时间。比如，每天或者是每隔几天，提前几分钟带孩子进入到睡眠的仪式流程上来，让孩子逐渐适应早睡早起的作息时间。另外，要特别关注一下孩子白天午睡的时间是否过长，影响了孩子晚上入睡的时间。

第五，晒太阳。我们很多人晚上睡不着，是因为白天完全没有晒太阳，所以我常常会在初秋的季节每天都去晒一会儿太阳。当然，我们的脸部要注意做好防晒。

第六，关闭网络。这是最重要的，如果你真的想在晚上能够得到很好的休息，一定要关闭所有的手机网络，甚至不要把手机带进卧室，直接设置飞行模式放在客厅。

第七，接纳作息。如果做了很多努力都没有用，那就接纳自己在睡觉这件事情上会存在一些问题，然后用良好的心态去慢慢调整它。

第四个维度：冥想

在每天早上起床之后或者是临睡觉前，比较固定的时间，从自己喜欢的 App 上直接搜索"冥想音乐"关键词就可以找到很多音乐，然后打开，盘腿而坐大概 5~10 分钟，慢慢调整自己的状态。

保持冥想习惯的人会充分体会到这样一个小工具的好处：短短 5~10 分钟，会让你注意力更集中、内心更平静。我一直都保持着这样的一个习惯。如果女性朋友们总是心态比较浮躁、专注力低，建议你试试看。

成为一个更好的自己，这个变化的过程，精神状态一定是最明显的体现。本章分享给大家如何管理好自己的身材，处理好情绪，以及如何通过仪式感休息让自己持续保持一个高能量的状态，希望女性朋友们马上行动起来，从内到外真正拥有好的状态。

第六章

个人品牌打造：
新时代女性的
品牌打造计划

互联网时代，人人都需要个人品牌。我们已经发现，打造个人品牌并不再只是男人专属。本章我将会从多个维度阐述适合女性朋友们打造个人品牌的方法。

难道真的有最适合女性朋友开启个人品牌的整套方法体系吗？其实，打造个人品牌是不分男女的，只不过在这本书里我会更多地把我观察到和实践过的适合女性朋友打造个人品牌的方式告诉大家，让大家在打造个人品牌的过程当中可以更直接地使用这些方法。

那为什么我又要强调所有方法都是女性朋友可以使用的呢？拿我自己来讲，我现在在做的事情所用到的方法所有人都可以使用，我特别怕大家看完本书之后会被女性才能使用的想法限制住大家的思维。所有方法我们都适合用，而本书的方法更多会从女性视角出发。

1. 优势定位术：从 0 到 1 开启新时代女性个人品牌打造之旅

我从 2015 年开始有了打造个人品牌的意识，一开始是在社群里分享自己精进成长的各种干货方法，很快在分享的过程中发现自己比圈子里的其他人更擅长育儿，于是我从自己的个人优势出发，开启了个人品牌的打造之旅。

为什么要从优势出发开启个人品牌打造之旅？因为从优势出发，可以更快地挖掘自身所擅长的技能，当我们做自己擅长的事情时，做出成绩的速度也会更快。女性朋友们开启打造个人品牌的优势定位术，可以从两个方面——回忆过去优势和用心发展后天优势进行展开。

第一个方面，我们从现在往回看，回忆自己过去拥有的优势，挖掘出自己身上的一些能力。我们可以从三个维度唤醒回忆。

第一个维度：爱好。爱好是什么，爱好就是我们喜欢干什么。比如，你从小就喜欢画画，长大之后在画画这件事情上虽然花的时间比较少，但是，你还是会画得比较不错。而且在画画过程当中，自己还是非常喜欢和享受的，画画就是你的爱好。

很多女性朋友，可以试着从是否从小就特别爱臭美，来找到自己与美学之间的联系；或者是从小就爱收拾房间，来到自己与收纳之间的联系；或者是从小就喜欢唱歌或者朗诵，从声音角度找到自己的独特亮点。

在这个环节，我们可以先不去思考优势怎么变现，先去尽情找到自己身上的亮点，发现自己身上优势的这个过程本身也会让我们对自己充满信心。

第二个维度：能力。你的能力是指做同样一件事情，你能够比其他人更快地掌握它。我举个例子，比如说你从来都没有学过演讲，但是只要教给你几个小技巧，你就可以讲得比别人好。

拿我自己来讲，我以前完全没有意识到自己的销售能力很强，是我后来发现只要自己稍微学一下销售的技巧，就可以在销售这件事上得到比较大的突破。我在刚毕业的时候就从事销售工作，做得也非常不错。销售，就是我的其中一种能力。

我们可以从自己从事的职业上去找到自己的能力，比如做销售的，发现自己的销售能力很不错；做客服的，发现自己沟通能力很不错。

或者是从自己的身份上去找到能力，比如有的女性朋友在成为妈妈之后发现自己能很好地协调好家里的一切事情，或者是能很好地协调好工作和家庭之间的关系，或者是发现自己在育儿上有很多的方法，这些都是属于我们的能力。

第三个维度：资源。你可能没有爱好，也并不特别擅长做哪些事情，但是你拥有一些资源，比如产品资源，你知道哪里可以找到很好的母婴用品，可以开一个秒杀群进行各种优质产品的推荐，或者和有用户资源的平台和公众号进行对接。

或者是你的人脉经营得不错，遇到任何的问题，都能找到对应的人来帮助自己，或者是你能帮其他人牵线搭桥，成为人和人之间人脉关系的连接桥梁。

大家可以从以上三个维度，每个维度罗列 1~3 条自己的优势。这个环节最重要的是我们要去仔细思考和盘点自己的人生，如果不仔细思考，可能真的觉得自己什么优势都没有，什么都不会做。

大家仔细思考之后一定可以得到一些启发。比如资源，可能你认为自己没有资源，但是你的朋友是不是有这个资源呢？我的学员小瑜就是这样的情况，在盘点自己资源的时候，发现孩子同学的妈妈有很好的资源，于是很快就连接起来了。

如果实在是觉得这三个维度的优势都没有，那我们应该怎么做呢？最直接的做法是带着对这三个维度的理解，去观察自己每天的行为和表现，甚至可以主动去问你身边的人对你的评价，看看有没有匹配这三个维度的一些评价，进而从中找到自己身上的亮点。

另一个方面，我们要学会用心发展自己的后天优势。发展后天优势，分为向内挖掘和向外探索两个维度。

向内挖掘维度就是以自我为中心进行更深入的内在挖掘，同时要去做各种各样新鲜的尝试，有以下四点分享给大家。

第一，尝试做一些新鲜的事。我的线上训练营社群有这样的一个环节，学员可以通过抢红包的形式去申请群里的分享名额。

有很多从来没有讲过课的学员，我们就逼她一把，让她在我们的引导下，梳理出自己的一些经验，在数百人的群里做分享。很多学员和我说，一开始觉得这件事太难了，但逼自己一把之后，居然发现自己还可以讲课，也觉得成就感满满。

第二，榜样上身法。如果你特别喜欢一个榜样，在看到她某一条状态更新的时候，你特别有感触。那么，你可以告诉自己："我也想要试一试！榜样那么优秀了还那么努力，我是不是也要更努力？"给自己一些心态上的暗示和指引，同时在行为上进行一些模仿。

第三，定期梳理和整合。定期梳理和整合真的是非常有必要的，你可以试着去对比，花费同样的时间去做两件事情，看看哪件更有效率、更有成就感。

比如，你花了一星期的时间去学习育儿相关的知识，另外，你还花了一星期的时间去研究女性朋友们如何提高效率，然后复盘自己在做这两件事情上，究竟更喜欢哪件事？哪件事情自己做起来更快？我的第一本书《学习力》里面有一个优势表单算法，大家可以借用这个表单算法算出自己的优势。

在这里简单介绍一下，优势表单算法就是罗列自己最近新发展的一些兴趣和爱好，并分维度算分，比如说学习时间管理、写作、科学育儿，把它们罗列出来之后，分别从自己在这三件事情上所花的时间、精力、金钱、主动分享、心流感受五个维度打分，最后会理性算出自己当下最适合发展的能力出来。

我在《学习力》一书中举的例子是，当时我以为自己很喜欢写作，整个算下来之后才发现自己其实最喜欢和最享受做的事情还是跟时间管理相关。最后，我选择了时间管理作为自己的终身标签，很少拿写作作为自己的个人品牌标签。

第四，环比成就事件。环比成就事件是指当你做一件事的时候，这件事情给你带来的成就感的提升额度。

这个其实跟我前面分享的心流感受是雷同的，但心流更多的是对过程的体会，成就感更多的是来源于做成一件事之后带来的结果。

比如，我因为一直在学习时间管理，后来开了"30 天时间管理特训营"，很多人学完之后给了这个课程非常好的评价，还会介绍自己的朋友、同事来学习，我就非常有成就感，而且在教授这个课的过程中，总会出现心流体验。

以上四点是带大家从向内维度进行的深入内在挖掘，接下来探讨向外探索的维度，向外探索就是主动去连接新人脉和探索自己的未知领域，有以下四点分享给大家。

第一，主动参加线上线下的活动。我的线上训练营社群会设置每日一问的环节，每一位参与社群的学员都可以通过每日一问来梳理自己的知识和表达自己的观点。

如果你有参加过类似的线上社群，你会发现在线上社群可以认识很多同频的人，而且这些人都非常积极正向。很多人在参加了线上社群之后，整个人的状态都提升了很多，而且也学会了如何帮助其他女性朋友。

比如，有些社群成员会遇到自己的孩子容易感冒生病或是不爱上学之类的情况，如果你有小技巧就可以分享出来，能够帮助到别人就是一件非常大的成就事件，当然也可以借此发现自己身上已经具备却一直没有被发现的亮点。除此之外，我也鼓励女性朋友们要走出去，去参加一些线下社群活动，连接不同圈子里的人。

我从 2015 年开始就有了打造个人品牌的意识，在那个时候，我觉得孩子已经慢慢长大了，而且工作之外我确实有一些时间和精力去做更多的尝试和探索。我开始参加一些线下活动，认识了不少有能量、有想法的人，跟她们一起做一些志愿者项目，自己在整个项目当中得到了很多的锻炼，这为我之后持续发展个人品牌打下了坚实的基础。

第二，收集正向反馈。收集正向反馈可以有两种方式：一种方式是在聊天的时候，询问自己身边的朋友和同事。我的印象很深，有一次同事到我家做客，我问大家在她们眼中我是怎么样的人。她们给了我很多关键词：营销能力强、沟通能力强、懂得倾听……

另一种方式是在朋友圈和大家互动，邀请大家对自己做评价：如果用三个关键词来形容你眼中的我，你最先想到的三个关键词是什么？

你会发现在朋友们的回复中会有个别关键词总是会反

复出现，那这些就是你身上最明显的特质了。

第三，寻找专家的指导。如果你自己经过一段时间的探索，确实找不到自己的优势在哪里，也完全没有办法通过用心发展后天优势找到一些突破口，这个时候你应该选择咨询身边的专家，或者专业的个人品牌定位打造师，看她们能不能找到你身上的一些亮点。

这个也是我的惯常做法。比如说我在一件事情上努力了一段时间之后发现得不到结果，我会花钱去请教比我更厉害的人，往往能得到不少好的有成效的指导和建议。

第四，避免过分外求。如果你只是停留在想象当中，找不到突破太正常了。但如果你行动起来去试试看，大体都能找到一些方向，然后让自己再在这个方向上得到一些指引，让自己更好地向前行动。

如果你已经向专家求教，上了一些课程，也阅读了一些书籍、文章之后，还是找不到自己的定位和优势。你要问自己，有没有把老师教的方法实实在在地用起来。

女性朋友们应该做好自己的心理建设，因为很多人发展不好，只是没有办法面对真实的自己，总是质疑和否定自己，导致自己没有一个相对平和的心态去成长。无论在任何时候，都要找到自己的现状，坦然地面对当下真实的自己。

如果发现自己的现状是处在比较初级的阶段，确实是有比较大的进步空间，这并不是坏事，总比我们再过十年才发现自己还处在比较初级的阶段要好得多。出名要趁早，发现自己的不足之处也要趁早。

如果你看完这本书之后发现好多内容都是以前就知道的，你要马上行动起来，只有把知道的内容变成"做到"才叫"知道"。

我希望每个人都可以在看完这本书后找到自己的一些方向，让自己变得比以往更优秀。我们要花更多的时间跟自己比，而不是花很多的时间跟别人比。跟别人比，只能让自己变得越来越焦虑，跟自己比，才能够找到越来越优秀的方法和方向。

2. 涨粉技巧：优质流量助力个人品牌影响力

大家都知道，微信是互联网时代很多人使用频率和时长最高的一个 App，无论是工作还是生活，都会用到它，平均每天每人至少使用 5 小时以上。

现在非常多的销售都是在朋友圈以文案＋宣传图片的形式或者是在微信群以分享＋群内成交的形式进行，即使你现在只是想要学习提升自己，并没有要开启副业的计划，也应该在学习的过程当中，有意识地添加未来的潜在用户为好友，当未来你想要去开启自己的副业时，这些人当中的一部分人就有可能成为你的第一批用户。

我的学员 A，是一个兴趣非常广泛、爱交朋友的人，并且特别乐于将学习到的东西分享给别人。最开始她并没有探索副业的计划，但是因为喜欢分享，无论是参加线下的活动，还是线上的学习型社群，都有很多人因为她讲的观点特别到位而主动添加她为好友。后来因为公司裁员，她被迫离开了职场。

恰巧另外一个好朋友邀请她一起做副业项目，A 本来只是想试试看，没想到一下子就做成功了，这跟她前期在微信中的无意识引流有非常大的关系。一个人做事情时，如果完全不知道自己做这件事情的目的，要坚持下去会比较难。所以，我希望看到这部分内容的同学，一定要有意识地进行个人微信的引流，这是一件不会有任何坏处的事情，能为自己的副业做好充分的准备。

关于涨粉，其实很多人是有心理障碍的。在此我会把这些可能会出现的心理障碍提前告诉大家，让大家破除掉心理的芥蒂，让行动变得更顺畅。在涨粉这件事情上，我们可能会遇到以下五个问题。

第一，不知道自己的目标人群

这是很多人都会遇到的问题，而且类似的问题还会以各种形式发生在各种各样的地方。比如，你想运营公众号，但是因为定位不明确，虽然很早就开通公众号了，但是到现在都没有更新过。你有没有发现，太多人卡在一定要把一个问题完全想明白上了。

目标人群不明确这个问题大不大？其实真的很大，但是比这个问题更大的是，以此为借口完全不采取行动。事实上，如果真的一时半会想不明白目标人群的话，可以暂时不用明确。

我们把能够被我们吸引的人先添加为微信好友，做好准备。当然，如果一开始能想明白自己的目标受众，那从一开始就吸引精准粉丝是最好的，但千万不要因为想不明白就不行动了。

我有一个学员小兰，在跟我学习时间管理课的时候，完全没有想过要打造自己的个人品牌。但是她是一个非常喜欢帮助别人的人，常常会在她参加课程的社群里面分享自己的观点，也很喜欢发红包，喜欢她的人非常多。后来她慢慢积累了各种各样的微信好友，积累了不少私域流量，有 1000 多人。

我鼓励她跟我学习如何打造个人品牌，因为早期积累了 1000 多个微信好友，很快就做起来了。我也有不少学员在意识到要打造个人品牌的时候，才发现自己的微信好友人数还很少。

第二，涨粉渠道和方式不清晰

大家都意识到了涨粉的重要性，但是都不知道去哪里涨粉和如何涨粉。其实比这个更重要的是，你得先把学到的方法用起来。

我有不少学员一定要把涨粉的全套方法学到手然后再行动起来，但正确的做法是只要学到了一种方法，就要先把这个方法用起来，学到下一种方法再接着用起来。

第三，认为自己不够优秀

如果我们把自己放到很大的圈子里，比如把自己放到马云这样的创业者圈子里，那我们就真的太渺小了。

事实上我们要对自己有一个正确的认知：即便我不优秀，我也可以通过个人的人格魅力或者是乐于助人的品质去吸引同频的人。我们要做的是多分享，多帮助我们能帮助的人，并且在分享的过程中持续提升自己的整体能力，让自己能够影响到的圈子逐渐扩大。

第四，涨粉后留不住粉

我们的朋友圈就像是一间商店，你开店之后，顾客通过门口的广告进入到商店里，但是我们的店里面没有产品，也没有任何值得对方停留的东西，对方别无选择只能转身就走了。所以，除了涨粉之外，朋友圈的打造非常关键。

第五，涨粉后不知道做什么

涨粉之后，还需要把朋友圈经营好，因为我们最终会通过自己的作品，比如文章或者是副业产品等和用户进行连接。

如果你是在育儿上很专业的女性朋友可以推出一些育儿类的课程或者咨询服务，比如：如何育儿，如何教孩子读绘本，如何培养孩子良好的睡眠习惯等等。在推出的课程或服务的基础上，依托自己前期涨粉的用户进行变现。

破除了涨粉的五大障碍之后，我们要学会经营，打造留得住人的朋友圈。我建议女性朋友们从以下五个方面进行调整。

第一，朋友圈是否设置了三天或半年可见

这有点像你开了一间服装店，但是却天天关着门，顾客根本没有机会进去看你有哪些服装，更没有机会知道你的服装适不适合自己。

如果你想开启自己的副业，一定要记得取消三天或半年可见的设置。

第二，是否几乎不更新朋友圈

朋友圈虽然没有设置三天或者是半年可见，但从来不更新，和三天或者是半年可见没有本质上的区别。

这就像是你的店铺虽然开门做生意，但店里的产品却从来不更新。

第三，朋友圈是否全是广告

如果你的朋友圈发布的全是产品广告，相信我，至少

有一半的好友已经屏蔽了你的朋友圈。建议大家发布广告的条数占发布朋友圈条数的三分之一的比例为最佳。

第四，朋友圈是否全是转载

这种行为最常出现在六七十岁那个年龄层的人身上，转发一些养生、励志类的文章，每次看到这些转发的时候，我们都会觉得好笑。

但是其实我们身边也有很多这样的人，比如每天都在朋友圈转发英语打卡或者是早起锻炼的链接。你是不是也是这样呢？可以转载文章，但不要一天下来全部都是转载的，也不要只是转载，可以适当加上自己对这篇文章的观点和评论。

第五，是否从来都不整理自己的朋友圈

朋友圈出现很多过期的信息，比如已经截止报名的一门课，促销已经结束的一次活动等。我自己的习惯是每周会定期翻看自己过去一周的朋友圈，把过期的一些广告信息进行删除。

除此之外，朋友圈内容也是有最佳构成建议的。朋友圈的最佳内容组成由转发、干货分享和感悟、推荐、广告

构成：

- 转发是指转发你认为优质的内容。

- 干货分享和感悟是指你看完一本书、学习完一个课
  之后分享的总结性干货内容。

- 推荐是指你认为好的书单和电影清单等。

- 广告是指和你的产品相关的一些硬性和软性广告。
  硬性广告就是直接告诉大家现在产品正在做推广促
  销。软性广告是指通过大家对产品的好评反馈等引
  导大家来关注产品。

有调查数据显示，我们同时在公众号和个人微信里都
有 1 万个粉丝，个人微信的粉丝价值是公众号粉丝价值的
3~5 倍。也就是说，朋友圈只需要有两三千个好友就可以抵
得上公众号 1 万个粉丝的价值。

所以现在我身边很多探索副业的好朋友，都会花很多
心思去经营自己的个人微信，并且把个人微信作为最重要
的私域流量池。

我们要有意识地把所有的外部流量都集中引流到个人
微信这个池子里面，为今后打造个人品牌做储备。建议现
阶段完全没有开启副业之旅的朋友，要好好经营自己的个
人微信和朋友圈。

那么，在经营好朋友圈的同时，我们该如何进行个人
微信涨粉呢？涨粉渠道主要有以下三类。

第一类，与和你的个人微信人数接近的朋友，进行朋友圈互推

个人号互推本质要解决的还是信任的问题。要让体量
相当的好友同意和你互推，有几个比较好用的路径推荐给
大家。

1. 互推社群。加入一些个人号互推群，互推群里的好友
基本都有互推的需求，实现互推的概率比较大。去哪里找互
推群呢？有一种方式可供参考：在你朋友圈里找做副业时间
比较长的小伙伴咨询。一般来说，他们通常已经连接到一些
互推群，一般会通过发红包等形式让他们帮你引荐。

2. 先予后取。通过购买、请教等方式，和你朋友圈里
有互推需求的朋友产生连接。

3. 在参加社群学习或者是线下活动时，留意可以和自
己互推的小伙伴，私聊后进行互推。

第二类，社群涨粉

除了互推群涨粉，当下最容易涨粉的形式是付费参加

一些和自己副业定位比较匹配的社群，在社群里持续分享自己的优质观点和内容，从而进行精准涨粉。

第三类，从微博、抖音等外部平台进行涨粉

目前这些外部平台都不容许直接在平台里植入自己的微信号，所以可以以微信 ID 的形式在平台个人简介或评论里进行植入。

这三类方式，大家只需要根据自己的实际情况，熟练使用起来就可以。如果你有分享的能力和欲望，就可以多点开花。

如果你的时间暂时不允许的话，我建议大家多尝试互推涨粉，这个门槛往往不高而且见效比较快。涨粉是个长期的事情，需要慢慢积累，等到未来正式开展副业时，你会感谢过去那个有先见之明的自己。

3. 绘制商业模式画布：让你的个人品牌基业长青

可口可乐公司经理曾经讲过，对于可口可乐这家公司而言，最重要的就是可口可乐这个品牌，即使销售渠道没

了、资金没了、所有的有形资产都没有了，只要可口可乐
这个品牌还在，就能很快东山再起；而如果可口可乐这个
品牌毁了，即使其他资源再好，最后的命运也只是倒闭。

　　我们个人和企业是一样的，其中的底层逻辑是相通的。
就像微信公众号的标语一样：再小的个体，也有自己的品
牌。因为移动互联网的高度发达，我们每个人都可以很轻
松地向别人展示自己的特长，建立个人品牌，成长为某一
个细分领域的专家。在此我将和大家重点分析适合女性朋
友们个人品牌打造的三大方向。

第一种：适合喜欢买买买的没资源、没基础的女性朋友们的打造个人品牌方向

　　你喜欢买买买吗？如果喜欢，有一种开启副业的方式
特别适合你，那就是经营社交电商平台。如果你确实想要
做社交电商，在看完这本书之后，不要再单纯只是喜欢买
买买了。

　　你要开始留意在买一款产品的时候，自己最关注的点
是哪些？反过来，如果你来卖一款产品会怎样突出产品的
卖点，怎样对这些卖点进行包装。并且你也要有意识地把
自己使用产品的感受进行分享，可以发表在像是微信朋友

圈或者是小红书这样的一些平台上。这么做的目的很简单，就是你要养成"种草体质"。

我身边有很多学员，一看到别人卖产品卖得很好就马上去做代理了，最后发现别人轻而易举可以卖出去的产品到了自己手上，好像很难卖出去。

我们不知道的是，别人在开始卖货之前，在粉丝数上早已做了一定的积累，而且一直在学习如何才能更好成交的方法。我知道很多女性朋友们都喜欢买买买，如果你发现自己确实很享受买买买这一件事，而且你推荐的产品，大家都还蛮喜欢的，你可能天生自带"种草体质"，会相对容易做好带货这件事。

先跟大家讲一个例子，在我居住的小区的业主群里，我发现有一个女业主她做了一个各种好物的种草群，任何人有一些优质产品都可以在该群里发起接龙，好多产品接龙购买的人还不少。

所以如果你发现自己能找到一些优质的产品，也可以尝试在朋友圈进行一些推广，或者可以一对一私信给你认为需要购买这款产品的人，告诉对方这款产品非常优质，但是在此之前，我还是想要提醒大家要打造好自己的朋友圈。

在正式确定社交电商这个个人品牌方向之前，要在
朋友圈分享一些好物推荐，提前让大家知道你的"种草体
质"。具体怎么做，简单展开一下，比如说你购买了一款搅
肉机，虽然完全没有有偿推广的意思，但是可以在朋友圈
推荐，说说你对它哪些方面的功能比较满意。当大家渐渐
认识到你推荐的产品一定是好产品时，那么你以社交电商
为副业的发展方向就会变成顺理成章的事。

最后，跟大家强调，具备"种草体质"的人其实非常
看重这款产品适合谁，甚至有时候他也会把这款产品的缺
点一并写在朋友圈里，让大家自行选择。在现在这样全开
放的互联网时代，我们做得越真诚，越能吸引到更多喜欢
我们的人。真诚是我非常看重的一个品质，就像是我的课
程，每一次讲课我都会掏心窝地去讲，绞尽脑汁给大家满
意的答案，用户有了好的体验之后，也会更愿意和我们深
度连接。

第二种：适合妈妈身份的育儿达人的打造个人品牌方向

女性朋友们在成为妈妈之后一定会掌握的一项能力就
是育儿能力，但也不是所有的女性朋友都能够对育儿达到

驾轻就熟的状态。所以如果你发现自己符合以下三个特点，我建议你可以把自己擅长的育儿的方式清晰地描写出来。之后就可以在朋友圈做一些公益的咨询了，告诉别人你可以在相关的育儿维度上为大家提供一些解决方案。

第一点：一直带孩子都不觉得累，还很开心。

第二点：系统学习了一些方法，而且把方法都应用在自己孩子的身上，确实有效果。

第三点：孩子经过你用育儿方法调教之后，确实跟其他孩子有一些区别。

在育儿这件事情上，每个女性朋友都会遇到各种各样的问题，都需要一个有实践经验、并且能够帮到自己的过来人指导自己解决这些问题。所以你可以把自己的一些育儿技巧整理成一门课程，在开始的时候通过低价付费进行销售。

以育儿专家的方向打造个人品牌需要的技巧是比较多的，我建议大家可以先从一对一咨询解决具体的问题开始，然后让自己具备相对应的能力后再进行产品的丰富。成为讲师需要我们具备比较多的复合技能，比如说我们需要把自己的知识提炼成一整套课程。

如果你听到我描述育儿达人这个身份后觉得非常有兴

趣，你可以在教授自己孩子的过程中以及解答你身边其他
女性朋友向你提出的问题时，有意识地让自己的答案更加
体系化，为自己未来成为育儿达人做充分的准备。

谁都不是天生的育儿达人，希望在看完本书之后，你
在育儿这件事情上会更加有意识，并且提前做好准备。

第三种：适合优秀的职场女性的打造个人品牌方向

职场上具备某些技能的女性朋友们，可以把自己具备
的技能提炼出来。比如你在职场上是 HR，可以将如何做职
业生涯规划，如何更好地写简历，如何更好地去面试、如
何更好地做职场沟通制作成课程，然后通过教授的方式帮
助别人解决职场上遇到的各种各样的问题。

或者是你在职场上发现自己的 PPT 或者是 PS 做得很
好，也可以结合人们在打造个人品牌过程中都需要宣传海
报的需求，让自己掌握制作讲师个人宣传海报或者是讲授
课程宣传海报的能力，从而开展服务讲师的副业，也是一
种非常好的开启打造个人品牌之旅的方式。

各位女性朋友们可以结合以上三个方向，找到最适合
自己的打造个人品牌方向。

如果你想持续经营自己的个人品牌，你需要在打造个

人品牌的过程中创造并不断丰富个人商业模式画布。商业
模式一直被广泛应用在企业中，描述了企业如何创造价值、
传递价值和获取价值的基本原理。在《商业模式新生代》
里提到了商业模式画布：一种用来描述商业模式、可视化
商业模式、评估商业模式以及改变商业模式的通用语言。

　　商业模式画布通过 9 个基本构造块描述并定义商业模
式，这 9 个构造块覆盖了商业的 4 个主要方面：客户、提
供物（产品 / 服务）、基础设施、财务生存能力。商业模式
画布同样适用于个体，期待每一位女性朋友们都可以画出
属于自己的个人商业模式画布。接下来，我们来详细了解
这 9 个模块。

重要伙伴	关键业务	价值主张	客户关系	客户细分
	核心资源		渠道通路	
成本结构		收入来源		

（1）重要伙伴

打造个人品牌的过程中，起步阶段大部分都是依赖自己的个人经营，比如自媒体、朋友圈，但到后期名气越来越大，需要互相借力，拥有重要伙伴的思维才能够让个人品牌基业长青。主要考虑和解决的是商业模式优化和规模经济、降低风险、联盟合作的问题。

重要伙伴可以参考以下三个维度：

外部平台合作伙伴：第三方 MCN（网络达人经纪公司）机构或者是课程、咨询平台。比如在行、荔枝、千聊、十点读书等平台。

项目外包合作伙伴：从成本角度出发，不建议设置所有岗位，可以将部分工作外包。比如讲课平台可以使用小鹅通，海报制作可以有固定的外包合作团队。

外部项目合作伙伴：与和自己量级差不多的其他老师合作。比如我和另外五位深圳的自媒体大 V 一起合作了"下班后赚钱"项目。

（2）关键业务

关键业务由各种产品和服务组成，销售出去直接带来营业额。只要打造个人品牌，就必须要有关键业务。关键业务是创造价值主张、接触市场、维系客户并获得收入的基础。

如果是社交电商，那么具体代理的产品和平台就是属于关键业务的范畴。

如果是和我一样的教育工作者，关键业务可以是下列几项：

线上系列教育产品线。我创办了"价值变现大学"系列课程，包含"时间管理特训营""21 天副业赚钱实操营""价值变现研习社""价值变现金牌导师授权班"等。

线下系列教育产品线。以线下教育为场景的系列课程产品。

咨询顾问服务。可以是针对个人的咨询服务，也可以是针对企业的顾问服务。

企业内训服务。与各大企业合作的内训服务。

（3）核心资源

核心资源指打造个人品牌所必须具备的产品、流量、用户矩阵等资源，重点要考虑和解决流量资源问题。

微信矩阵：以微信生态圈为主的矩阵，包含了微信公众号、个人微信号、朋友圈、微信视频号等。建议所有初步打造个人品牌的每一位女性朋友都要注重微信矩阵资源的积累。

外部合作平台矩阵：如在行、荔枝、千聊、十点读书等，也是属于需要持续积累的核心资源。

学员 IP 矩阵：在成功打造了自己的个人品牌之后，如果有计划成为个人品牌规划师，孵化学员也成功打造个人品牌，可以持续打造这个标签，积累有意向的学员资源。

（4）价值主张

通过价值主张来解决客户难题并满足客户需求，主要解决价值传递，即"我们正在帮助客户解决哪些难题，我们正在满足客户哪些需求"等问题。

当你的个人品牌加上价值主张概念后，会更加吸引有相同理念或者是认可你的理念的人加入。

（5）客户关系

在每一个客户细分市场建立和维系客户关系。主要考虑和解决"和客户细分群体建立和保持关系，把客户关系与商业模式画布的其余部分进行整合"等方面的问题。

打造个人品牌的过程中，我们主要以产品、服务或者是产品结合服务三种维系客户关系的方式进行展开。

（6）渠道通路

通过沟通、分销和销售渠道向客户传递价值主张。主要考虑和解决渠道整合、渠道有效性、渠道成本效益控制等问题。

简单来说，就是你的产品、服务通过哪些渠道销售出去，一般有以下建议：

微信矩阵：和核心资源里的微信矩阵一致，一边积累微信矩阵的核心资源，一边通过微信矩阵通路进行销售。

外部合作平台：通过分销产品及直播、授课等方式，一边把用户聚拢到微信矩阵平台，一边通过外部合作平台进行销售。

流量作品：比如出书，写自媒体文章等都属于带来流量的作品。

（7）客户细分

我们所服务的一个或多个客户细分群体。客户细分所要解决的问题是找到重要客户，为客户创造价值。

可以从关键业务倒推出来自己的客户细分画像：

电商产品：从营销产品的特质画出用户的细分画像。

教育产品：从教育产品的特质画出用户的细分画像。

（8）成本结构

成本结构指打造个人品牌过程中所产生的成本构成，主要考虑和解决运营个人品牌所产生的所有成本。

以我自己为例子，一共有以下五种成本：

团队管理成本：包含兼职和全职员工的薪资。

企业管理成本：包含场地、水电费等成本。

活动管理成本：包含举办线下沙龙场地成本、线上社群管理工具成本。

合作管理成本：与他人或者平台合作的宣传、人力投入等成本。

外包管理成本：如外包制作海报等成本。

（9）收入来源

收入来源产生于成功提供给客户的价值主张。如果客户是商业模式的心脏，那么收入来源就是动脉。主要考虑和解决的是提高客户付费意愿、收入来源占总收入的比例等问题。

收入来源最开始一定是单一的，随着个人品牌打造不断推进，关键业务的不断丰富，收入来源也会越来越多，以我自己为例子，主要的收入来源为如下几方面：

稿费：《学习力》《副业赚钱》《副业思维》等书的稿费。

价值变现大学体系下各种课程的收入：其中"30 天时间管理特训营"，到现在营收流水已经突破了 500 万。

企业培训收入：受邀到企业讲课的收入。

广告营收：自媒体平台接广告的收入。

私董项目合作营收：孵化我的私董推出课程并在我的公众号、朋友圈进行宣传，按项目营收进行分成。

绘制清晰的商业模式画布，可以帮助我们在打造个人品牌的道路上走得更高效、顺畅。结合商业模式画布的 9 个模块，我将自己的商业模式画布分享给大家：

重要伙伴
1.外部平台合作伙伴；
2.项目外包合作伙伴；
3.外部项目合作伙伴。

关键业务
1.线上系列教育产品线；
2.线下系列教育产品线；
3.社交电商合作平台；
4.咨询顾问服务；
5.企业内训服务。

核心资源
1.微信矩阵；
2.外部合作平台矩阵；
3.个人IP及系列知识产品；
4.学员IP矩阵。

价值主张
1.极致利他、助人达己；
2.跨界合作；
3.帮助100万人成功打造自己的个人品牌，过有结果的幸福人生。

客户关系
通过产品(教育产品&电商项目)和服务(社群和私教)带大家成功打造个人品牌。

渠道通路
1.微信矩阵为主：公众号、朋友圈、社群；
2.外部合作平台：直播、课程合作；
3.流量作品：文章、书、流量课。

客户细分
1.教育产品：女性用户，22~40岁职场用户；
2.社交电商产品：女性用户为主，副业为她们的刚需；
3.企业内训：知名企业。

成本结构
1.团队管理成本；
2.企业管理成本；
3.活动管理成本；
4.合作管理成本；
5.外包管理成本。

收入来源
1.稿费；2.训练营营收；3.会员；4.金牌导师计划营收；5.企业培训营收；6.广告营收；7.社交电商营收；8.私董会营收；9.外部平台合作营收；10.咨询顾问营收。

个人商业模式画布的内容看起来非常专业，因为它是我们打造个人品牌的终极目标。事实上，在个人品牌打造的初期个人商业模式画布是不可能一下子达到 100% 完善的，并且也不是每一个打造个人品牌的人都需要把个人商业模式画布的九宫格全部做到 100 分。

4. 案例拆解：新时代女性从 0 到 1 打造个人品牌真实案例故事

接下来给大家分享五个案例，每个案例的主角都不同程度地使用到个人商业模式画布的一些模块，期待大家通过学习案例找到自己身上的特质，带着个人商业模式画布的思维，更好地开启自己的个人品牌打造之旅。

案例一：擅长整理收纳，小职员凭借爱好开启了个人品牌打造之旅

Lily 最开始的时候并不认识我，因为她身边有一个朋友特别喜欢我，所以才开始关注我。没想到的是 Lily 比她朋友行动力更强，很快就报了我的课程，一直坚持跟着我学

习。现在 Lily 的副业发展就如同她的行动力一样迅猛。

我们先来说说 Lily 的副业定位。Lily 在认识我之前就非常喜欢整理自己的家，工作之余的时间都用来打理自己的家，她把客厅、洗手间、厨房，还有卧室都整理收纳得非常整齐、舒适。但她完全没有意识到这个爱好能有机会成为开启副业进行赚钱的能力。

在此之前，Lily 只是纯粹爱好整理收纳而已，跟我学习之后，她找出了自己的比较优势，就把自己的个人品牌定位在整理收纳这个板块。经过短短两年对个人品牌打造方法和商业模式画布的学习之后，她现在成立了两家公司。一家是会晤公司，另一家就是跟整理收纳相关的公司，同时她还为收纳公司的项目找到了合伙人。

那她是怎么样一步一步做到现在这样的成绩呢？在此分享 Lily 在整理收纳这个领域的品牌打造过程给大家。

第一点，什么样的人适合通过整理收纳开启个人品牌定位。

首先，她一定非常喜欢整理自己的家。你有没有试过到了一个朋友的家中，一进门就会感叹："哇，太干净，太舒服了！" Lily 的家就会让人有这种感受。

其次，她一定特别爱帮助别人整理收纳家，并且看到自己帮助别人整理收纳之后的家变得整齐，就会充满成就感。

如果你光是喜欢整理自己的屋子，对别人家的状况丝毫没兴趣，也不适合做整理达人。所以，既要喜欢整理自己的家还要喜欢帮助别人，才能把这件事作为热爱的事情。

虽然这两点的门槛非常低，但确实可以通过这两点来看看自己是否适合整理收纳的标签定位。Lily 就完全符合这两点，所以她通过整理收纳的定位来打造个人品牌特别适合。

第二点，怎样让自己逐步成为整理达人。

从专业的角度出发，现在中国已经有系统的整理收纳课程可以进行学习，并且学完之后可以拿到认证证书。但我建议大家先选择轻启动的方式，在网上看一些有关整理收纳的文字和视频资料，以及阅读相关的书籍。

可以用一个月的时间进行密集型的主题学习，如果你发现自己确实有兴趣再进行系统的学习并且进行证书考取。如果你立即进行付费的系统学习并且考取证书，一旦在过程当中发现自己并不是像想象中那么喜欢整理收纳，就会进退两难了。

第三点，也是本案例中最重要的内容，整理收纳的七种变现方法。

打造个人品牌非常关键的是要有产品，产品其实就是我们的关键业务。大家可以结合自己的能力，梳理出自己的关键业务进行打造，并实现变现。下面，我梳理出七种变现方式供大家参考。

第一种，一对一上门服务。

我教 Lily 宣传自己时，首先，在朋友圈分享自己学习整理收纳时的动态。同时，把自我介绍的标签进行修改，改成：Lily- 家居整理收纳师。然后，在自己的朋友圈或者是合作宣传的平台告诉大家自己现在是一名整理收纳师，并将提前准备好宣传海报，当有需求的人来预约时可以直接提供上门服务。

当然，这种变现方式面向的受众群体会少一些，但是对业务能力的提升有极大的帮助。一开始可以从相对低的价格做起，比如说 99 元整理一次或者 199 元整理一次，积累口碑之后再逐渐涨价。

第二种，依然是一对一，但是不提供上门服务，直接通过视频的方式来指导用户如何进行整理。

开始打造个人品牌一段时间后，客户都非常满意 Lily 的服务，并且她也非常享受提供上门整理收纳的服务。Lily

常常把帮客户整理收纳前后的对比照以及好评反馈发到朋友圈，慢慢地有一些不和 Lily 居住在一个城市的朋友圈好友也想享受到这样的服务。Lily 问我还有没有其他的方法，我建议她通过视频的方式展开新的业务。

提前沟通好要整理收纳的区域，约定好时间后，开通微信视频通话，Lily 远程进行指导和讲解，客户根据 Lily 的指导进行操作。这样的方式收取的费用会相对低一点，因为没有上门服务的时间和资金成本。

无论是第一种还是第二种变现方式，记得提前发一份你需要对方配合你准备的清单，比如收纳袋、储物箱等，会让服务更加顺利地完成。

第三种，录制视频课程系统教大家怎样进行整理。

随着一对一咨询的量做起来后，Lily 发现自己的时间不够用了，这个时候我建议她把整理收纳的内容录制成课程。每次一对一咨询只能服务一个客户，而视频课程却能同时服务好多个客户，并且在社群中进行授课时，大家共同讨论学习，整个授课的效果也会更好。

对于整理收纳的课程录制方式，我建议是视频的方式。因为光听你语音或者是文字分享的内容没有直观的视觉感受，还是很难体会到应该如何进行整理收纳。通过录制自己真实整理的客厅、衣柜等地方的方式，让大家照着我们的视频来进行学习，并且在录制整理收纳视频的过程当中，可以讲解整理的方法和注意事项。

从录制效果的角度出发，这样的录制对设备的要求比较高，在经费充足的情况下，可以请专业的团队进行拍摄，如果想节约费用，淘一些设备自己也可以搞定。

第四种，总结一份图文并茂的整理收纳手册。

Lily 除了把内容设置成视频课程之外，我还建议她出一本图文并茂的整理收纳电子手册。整理收纳电子手册的制作成本比较低，宣传的效果却非常不错。这样的整理收纳手册是以文字＋图片的形式呈现的，把步骤逐一地罗列出来。

可以把这样的手册直接进行售卖，定价可以相对低一些，但是一定要注意保护好版权。当然，如果真的有人购买了你的手册之后分享给自己的朋友使用也不是一件坏事，也是一种传播方式。但一定记得在手册上放上自己的二维码、微信 ID、邮箱等等。让用户可以随时联系到你。

第五种，开设整理收纳打卡营配合第三种视频课程的形式，组织一个社群带大家每天行动起来进行整理收纳打卡。

有不少人光喜欢买课，但却没有决心学完。在我的指导下，Lily 开设了打卡训练营。这种打卡训练营非常有带动性，Lily 为了让大家可以更好地跟着自己行动起来，她把打卡群同步设置上打卡押金，能够每天完成打卡任务的，押金最后会退回给大家。

第六种，把自己关于整理收纳打造个人品牌的方式整理成课程，教授跟自己一样想成为整理收纳师的朋友。

Lily 把如何通过整理收纳这个定位成功打造为个人品牌的方式进行了梳理，开始招募想通过整理收纳这个定位开启个人品牌打造之旅的女性朋友，教她们如何通过整理收纳这个标签打造个人品牌。这种方式的重点是要把自己如何打造个人品牌的方法梳理成一整套可操作的方法分享给大家。

第七种，拿到资质，成立整理收纳平台。

我建议 Lily 在打造个人品牌的过程中有意识地积累各

种各样的资源，包括人脉资源和平台资源。她按照我的建
议和规划，开始着手成立整理收纳平台，和资质证书的授
权机构合作拿到了认证资质证书资质，并在全国招募合伙
人，带领大家打造个人品牌，把公司就变成了一个更大的
平台了。

如果你确定自己爱好整理收纳就要尽快行动起来，我
相信这个标签，可以让你的生活变得更美好，也可以影响
更多的人，同大家一起将生活变得更加美好。

**案例二：职场女白领，如何通过硬核技能开启品牌创
业之旅**

对于职场人来说，副业是主业的一个 B 计划。当你的
主业积累到了一定时期，开启副业是体现自己价值最好的
方式。

我有一位学员虎小鱼，她是一名上市公司的高管，销
售能力非常强。她一直以来都在传统行业里面做与销售相
关的工作，直到遇到了人生的瓶颈，打破了她内心的平静。

以往她和先生对孩子的管教都是放养型的，孩子到了
三年级成绩一塌糊涂，给了她重重的一击。她开始反思，

事业上无论多辉煌，如果孩子无法教育好，会是自己一辈子的伤痛。她开始不安和焦虑，以至于抱怨生活，还把问题都归结于孩子和老公身上，她想要改变。

后来，虎小鱼遇见了我，开始跟我学习，她发现原来是有方法可以平衡家庭、事业和副业的，她可以通过自己的能力改变一切。

如今虎小鱼进步速度非常快。她不仅在主业上销售业绩屡创新高，还有精力回归家庭，不再纠结事业的瓶颈期。

由于小鱼有属于自己的硬核技能，也就是销售能力。在我的指导之下，她立刻把自己主业技能平移到了副业上，有这样的能力作基础变现速度和成长速度是极快的。对应到个人商业模式画布的内容，小鱼的关键业务非常丰富，对应的收入来源也比其他刚开启副业的人多了些渠道。

接下来我们来拆解销售达人开启副业变现之旅的四种方式。

第一种，成为讲师。

小鱼决定开启副业之后，我就让她把销售的技巧提炼出来，制作成了一小时的分享课进行教授。没有想到这个分享课大受欢迎，也让小鱼做副业的信心更足。销售达人的特点是行动力强并且非常热心，所以讲师这个副业最适合销售达人开启。

如果你和小鱼一样，在职场上也是销售达人，也可以从一小时的分享课做起，一小时的课程要求是最低的，也是最容易达成目标的。销售达人还有一个特点是目标感非常强，当你完成一个副业目标之后，可以再给自己设置一个更高的目标，激发自己的挑战欲望。

第二种，成为一对一咨询师。

每个想成为销售达人的人，都会遇到各种各样的问题。做一对一咨询师，为销售小白遇到的各种各样的问题量身定制适合的方案，并且为销售小白做好职业生涯的规划设计，也是销售达人变现的方式。

而小鱼的这个副业方向，是在她参加社群的时候被群里对营销技巧有需求的学员给逼出来的。因为群里有很多人一听到她是销售冠军，就想预约她的服务，让她为自己打通销售的卡点。

小鱼先是开放了1元回答一个销售问题的服务做一个小小的尝试，没有想到向她付费提问的人有很多，收到反馈也非常好。后来她就顺理成章做起了个案咨询。

第三种，把销售底层逻辑进行提炼，做其他副业项目的营销顾问。

现在有很多的副业项目都是从零开始的，所以有些团队根本不知道如何经营和营销。如果你有在大公司里操盘整个营销项目的经验，成为营销顾问是非常好的副业变现方式。这种变现方式对销售能力的要求最高，需要具备带销售团队的能力，才能真正做好其他项目的营销顾问。

第四种，帮他人挖掘天赋，开启副业。

小鱼在从事销售的过程中阅人无数，所以她除了以上的变现方式，还对挖掘不同人的天赋有一定的敏锐度，她把这个也作为自己开启副业的标签，以半年度服务的形式，协助许多人找到了自己的定位，这是小鱼目前收入最高的变现方式。对应个人商业模式画布的内容进行分析，小鱼厘清了客户关系，带大家一起打造个人品牌。

讲到这里，我自己也很感慨，每个人都是一座宝藏，你可以从自己职场上的优势出发，找到副业的方向，也可以从自己的天赋出发，找到开启副业的方法。

　　无论是哪个方向，更重要的是要行动起来。那么究竟小鱼提炼出来哪些硬核销售技巧助力她开启副业呢？以下是小鱼提炼出的三大销售技巧。

　　第一，快速拉近关系的能力。其实所有的销售都明白，关系近了才能够好办事。但并不是每一个销售人员都懂得如何拉近跟客户之间的关系。

　　你需要在第一次跟客户见面时留下极好的印象，取得对方的信任。小鱼在跟客户的交流当中，除了聊工作的话题，更多的是关心客户本身的问题。最佳的方式是在和客户见面之前，提前了解客户的基本信息、家里的情况、平时的兴趣爱好等等。通过交流快速整理并建立客户档案。

　　除了客户的基本信息，还需要提前了解和整理出客户喜欢的话题，在初次跟客户交谈的过程中尽量谈论客户喜欢的话题，增加客户对你的好感，加深对你的第一印象。这样就能在心理上拉近你跟客户之间的距离，从而让你和客户成为朋友。如果你能够成为客户的朋友，就没有你销售不出去的产品。

　　第二，有意识地经营人脉的能力。人脉决定钱脉，客户认可了你，才有可能去认可你的产品和服务。

　　如果你也想成为销售达人，从今天开始，重视任何一个你遇到的人。小鱼就是一个非常热情和爱结交朋友的销售达人。因为工作的原因，她常常需要出席各种场合。小鱼每一次认识新的人，她都会很有礼貌地和对方交换名片，并且从来都不着急营销自己的任何产品，而是先建立信任感。

其实经营人脉不一定能给自己当下的工作带来业绩，但是未来如果想要跳槽或者转换行业，这些持续积累的人脉将会成为自己身上的最大的资源优势。

第三，倾听的能力。很多销售一看到客户，第一反应就是我要充分向客户介绍自己的产品，真正的销售的达人从来都不这么做。

小鱼最擅长做的事情就是倾听，每一次寒暄之后，她都会通过提问的方式，用一个又一个的问题让客户尽可能多地表达自己的想法和需求，而且在整个倾听的过程中，她会很重视关键信息的记录，并且进行重复和确认。

在整个交流过程中，客户对她的认可度非常高，认为她认真、重视客户的表达和感受。而小鱼会在整个倾听结束之后，为客户提供针对性非常强的建议，而不是像其他的销售那样喋喋不休地只顾表达自己的想法和意见。

当然，如果你也是销售达人想要开启副业，你需要学会把你身上最值得大家学习的能力提炼出来，作为课程或者咨询的方案提供给你的学员。

案例三：女高管辞职后，如何一边带孩子，一边做着自己热爱的事情

现在哪个人不爱吃美食？除了爱学习爱分享外，我最喜欢做的事情就是吃美食了。你是不是在网上一发现什么好吃的，就迫不及待地下单购买；或者是去某个地方之前，都会拿出手机点开大众点评，看看有没有美食推荐，这已经成了每个人的习惯性行为。我们在单纯吃的同时，身边已经有些学员因为爱美食赚到了钱。

我就有一位这样的学员——皓妈，她在辞职之前是一位80后女高管，现在是一位找到自我的二胎妈妈。皓妈有15年的职场工作经历，在大宝一岁半的时候，因为要照顾孩子便辞职成了全职妈妈，因此没有了任何收入。正当她为如何体现自己的价值感到迷茫和焦虑的时候，她遇到了我，并加入了我的社群进行学习，最终实现了个人定位的突破。

因为皓妈喜欢做甜品，于是她创办了好拾光私房美食定制品牌。从不知道如何体现价值，到一天半实现变现的金额超过主业一个月的工资。那她究竟是怎么做到通过朋友圈开启美食品牌打造之旅的呢？

第一步，开始进军美食行业，皓妈每天在朋友圈晒自己做的各种美食图。我有很多的学员，都在自己默默开启副业，从来不让任何人知道自己在干什么，还私聊问我："Angie 老师，我找不到目标用户，我该怎么办？"这个时候我往往会打开对方的朋友圈，但只能看到她三天的朋友圈内容，内容里也只有一条英语学习的打卡链接，我完全不知道对方是干什么的。

而皓妈决定要做美食的时候，第一件事就是把自己每天做的美食摆盘拍照，修图后发到朋友圈。发朋友圈的第 5 天，就开始有人问："皓妈，你做的美食，我想买，请问可以吗？"通俗一点来讲，这就像是你想跳槽找工作，肯定得到网站上去投简历，其他公司才能知道你想要换工作。

第二步，开始少量供应。从接到第一条朋友圈的评论询问是否可以订皓妈做的美食，她就直接私聊对方，问对方想要购买哪种美食，她可以试着做给对方，于是皓妈就接到了第一笔订单。

　　而有很多的学员想要开启副业，已经在朋友圈晒了自己的作品了，比如说想通过 PPT 技能变现的，晒了自己做的 PPT 作品，当有人问的时候，她却回复对方，自己还在积累阶段，现在还不能提供任何服务。顾客都送上门了，你却硬生生地把门给关上了。

　　第三步，得到好评反馈，皓妈马上截图发朋友圈，带来更多订单。皓妈快速把手工美食做好快递给定制美食的顾客，并在看到快递被签收的第二天，主动询问对方品尝美食后的感受。在收到了顾客的好评后，皓妈马上截图发朋友圈，并同时告诉大家，如果大家有需要，可以私聊进行购买，于是陆续有顾客发来订单。

　　在这个阶段，皓妈还没有想清楚自己究竟主推哪款产品，而是按照顾客的需求定制。

　　第四步，确定手工牛肉酱和蛋黄酥为爆款产品，并定期在朋友圈推出限量秒杀。大概过了一个月，皓妈根据过去一个月时间里，大家实际购买的情况，开始定位手工牛肉酱和蛋黄酥为爆款产品。于是固定在每周三时间，在朋友圈开放优惠价限量秒杀。

　　很多人开启副业赚钱喜欢做问卷调查，但皓妈用真实的市场数据，定位给出了爆款产品的品类。

第五步，成立专门的客服号，定期在客服号做限量秒杀。在这个环节，对应个人商业模式画布，成功地把细分目标客户聚集到了客服号。皓妈开始正式项目化运作这个副业。我身边有非常多的学员，做一件事总想力求完美，结果怎么准备都达不到完美的状态，最后却不了了之了。而皓妈，她直接选择在自己的朋友圈行动起来，等到做到一定程度，才开启专门的客服号，并且在客服号进行限量秒杀。

第六步，成立专门的美食会员群，定期在美食会员群做限量秒杀。之后，皓妈又把爱美食的用户集中到了专门的微信美食会员群里，集中服务大家并且做秒杀抢购服务。就这样，皓妈最开始只是在朋友圈晒自己的美食图片，到后面开启了自己的美食副业赚钱之旅。

除此之外，还有很多口碑传播的小细节设计，比如在食物的封口上附带上晒朋友圈可以获得 5 元现金的客服二维码标签，在下一次下单美食时可以继续使用。

最后，我想强调的是，最好的口碑传播力量是美食真的做得好吃。皓妈做的蛋黄酥，用的是很大颗的海鸭蛋，糖分的控制非常到位，没有丝毫的甜腻感，是我吃过的最好吃的蛋黄酥，我介绍给了身边的很多人。

皓妈做的牛肉酱，也非常好吃，吃过的人都纷纷找她回购，拌面、卷饼、炒菜和作为火锅蘸料都是绝配，我7岁的儿子也非常喜欢吃。她所制作的美食全部无添加剂，保质期很短，但是口感都非常好，为她的美食树立了极好的口碑。

现在，皓妈还开通了早餐打卡群，教会员们学习简单易上手的各式早餐，学员们的好评如潮。我相信有不少看这本书的女性朋友都会做美食，如果你也想以做美食为副业，请一定参考皓妈的步骤，在朋友圈晒单和适量做秒杀，再用最优质的口感，让大家自愿进行口碑传播。

皓妈的个人商业模式画布里，她的价值主张是，帮助中国家庭吃上健康美食。我相信每个尝过皓妈美食的人，都会爱上它。

案例四：90后职场小白业余时间兼职化妆师，居然能比主业赚得多

本案例讲的是我的化妆师小霞的故事，她身上有很多值得大家学习的地方。小霞是个90后，不仅长得好看，皮肤也不错，很符合我在帮助别人打造个人品牌上特别看重的一个点：知行合一。

比如你是做减肥的，起码你自己得瘦；你是做护肤的，

起码你皮肤要好；你是做穿搭服务的，你穿衣服要好看。如果你也喜欢化妆，而且也擅长帮别人化妆，这个案例就非常适合你。

首先，你要成为所在领域的专业人才，让别人记住你。怎么判断你在某个领域里是否专业？最简单的一个标准是让享受过你服务的人离不开你。

事实上，我常常遇到的情况是，得到某个人的服务之后，会想要换掉她，但自从小霞帮我化过一次妆之后，我就上瘾了。小霞是如何体现她的专业素养的呢？简单来讲，就是她对自己所做的事情有自己的一套专业标准，拿一个小细节来跟大家分享。

在没有认识小霞之前，我一直以为贴假睫毛就是直接一条假睫毛贴到自己的眼睛上。认识她之后，我才知道原来贴假睫毛这么一件事情就可以拉开化妆师之间的距离。

小霞会把假睫毛剪成一小段一小段贴在我的眼睛上，整个过程上非常舒服，完全不会觉得刺激眼睛。我的眼睛非常敏感，但是在她的呵护之下，从来没有过不良反应，这已经让我对她有了一个很好的印象。熟悉起来后，我问她是不是做这件事需要很高的技术，小霞说一点都不难，但是会比较麻烦，所以很多化妆师不愿意这么做。

你可能会认为，成为自己所在领域专业的人很难，其实不是的，你把该做的细节做好，并且让别人体会到你的细心和专业，光是做到这一点，就可以甩别人几条街了。

我特别喜欢向小霞请教护肤的技巧，她推荐的护肤品，我几乎是照单全买，而且小霞同时是纹绣师，她和朋友在深圳合开了一间工作室，用来服务想要纹绣的客户。

借小霞的例子进行拆解，从热爱化妆这件事进行延伸，还可以拥有的变现方式：

第一种，护肤品代购。

我常常会向我的化妆师小霞咨询如何购买护肤品和彩妆，她除了告诉我哪款护肤品或者是哪款彩妆适合我之外，还能够帮我配齐一整套的护肤品，我会定期跟她购买。

很多人对护肤品代购的理解就是自己要去到香港或者是海外进行购买，其实如果对利润没那么看重的话，更好的方式是拿到可靠的货源。比如说跟其他代购进行合作，我并不认为所有的副业都需要做到最好，但是化妆师同时能够提供护肤品或者是彩妆，也是一种构建竞争壁垒、多一种副业变现的方式。

第二种，化妆技巧讲师。

我建议小霞把自己懂得的化妆技巧，录制成小视频进行授课。她在听到我这个建议之后非常兴奋，并且告诉我她懂得很多 5 分钟化一个妆容的小技巧。会帮别人化妆的人更容易教别人如何化妆，从这个能力出发，成为化妆师讲师是一个很好的变现方式。

第三种，纹绣师。

纹眉是最近几年非常火的美容项目，我发现化妆最难的就是画眉毛了，而化妆师基本上都可以把眉毛画得很好，也就是说，她本身就具备了这样的一个基础能力，再加上她学习纹绣的一些技巧之后，就又多了一种变现方式了。

很多人都有开店的梦想，但是开店的成本真的还是挺高的，小霞就是和自己的朋友合开了一个工作室共同分担成本，这种方式不失为一种很好的选择。

纹绣师提供服务有两种形式，一种是客户来到工作室进行纹绣，另一种是提供上门纹绣。有很多人选择了这种上门纹绣的方式，在家就可以直接享受绣眉的服务。

第四种，微整形代理。

其实很多需要化妆服务的人都是对外表有刚性需求的人，化妆次数多了就容易动念头去做微整形，减少自己化妆的频率，所以化妆师在接触客户的过程当中也可以留意能不能连接到一些微整形的资源，为自己的客户提供可靠的医院。

第五，直播带货。

在抖音等直播平台上最火的排名前三的品类就有化妆品，所以如果擅长化妆，并且长相还不错的话，在抖音上把帮客户化妆的过程或者是自己给自己化妆的一些视频进行直播也是很好的聚拢粉丝的方式。粉丝有了，未来可以变现的方式就更是多种多样了。

最后，带女性朋友们一起再了解一下五种变现方式的逻辑思路。从拥有的客户资源角度出发。一般情况下，化妆师做久了都会积累越来越多的客户资源，因为在化妆过程当中，客户很容易跟化妆师进行聊天，而且客户一般情况下都是在参加活动之前需要进行化妆，有时候化妆的场地就在活动现场，除了可以连接到这个客户之外，还有机会连接到非常多参加活动的其他人，所以化妆师慢慢都会积累越来越多的客户资源。这里建议化妆师稍微主动一点去添加客户的微信，为自己获得更多的连接机会。

从化妆师现有能力角度出发。把自己本身就已经拥有能力进行整合，并且通过语音或者是视频的方式进行授课，因为不需要再额外花费过多的时间和精力，所以这种方式是非常容易实现的，这就特别像是我自己的时间管理能力做得很好，那我把时间管理的能力梳理成一套体系进行授课一样。

从容易掌握的新技能角度出发。虽然跟把已有的能力整理变成讲师相比难度更大一点点，但也是在自己已有的能力和客户资源的基础上去发展出来的变现方式，就像小霞她同时就是纹绣师，而且她的很多客户都是从她现有的化妆客户里发展出来的，她也告诉过我基本上不会做过多的宣传，但是客户来源还是足够的。

从人脉资源整合角度出发。你有没有发现，小霞除了自己直接服务客户之外，她还把身边的资源进行盘活，不但可以帮到客户和朋友，还可以顺带赚到钱。

所以，通过小霞的案例，我想要告诉大家，每一个想要打造个人品牌的女性朋友们，在结合个人商业模式画布思维的同时，都要善于盘活身边的核心资源，因为，资源本身就是最大的品牌打造筹码。

案例五：140 斤减肥至 105 斤，减肥达人开设线上减脂训练营实现月入过万

我的学员小星，刚生完孩子的时候体重飙升，我看她照片的第一感觉就是，这个宝妈为了孩子太拼了。结果不到 3 个月，她就瘦下来了，还练出了马甲线。我便问她体重多少，她说 105 斤，对比 3 个月前直接减掉了 35 斤。

在其他学员对她惊呼减肥成功之余，我的第一反应是我终于可以挖掘小星身上的亮点，协助她变现了。于是我对她说："你应该把自己如何减肥的整个过程梳理出来，这将会成为你开启副业非常重要的一个标签。"于是，小星马上下定决心跟我学习如何进行副业变现。

减肥成功的人就可以直接开启副业变现吗？答案当然是不可以！

如果你是因为工作压力太大或者是吃了非常多的减肥药，然后体重下降了，这种毫无借鉴意义的减肥方法分享出去是没有任何价值的。

我们提倡的是健康并且是有法可循的减肥方式。我们每个人都是一座宝藏，区别在于有些人知道怎样挖掘自

己，同时还能意识到要用借助别人的方法来挖掘自己。小星是属于借助我的方法来挖掘自己的这一类型。

我和她进行了一小时深入的交流之后，发现她的减肥方法任何人都可以参考。而且她不是暴瘦下来的，真的是根据自己制订的科学的方法一步一步瘦成现在这个样子。我的惊喜之处还在于我看到她不但瘦下来了，而且整个人精神状态非常好。如果仅仅只是肉身变瘦，精神是萎靡的，脸色还是蜡黄的，我认为这种减肥方式没有任何可取之处。

为什么要把这个点分享给大家，有两个目的：一个目的是如果你和小星一样做任何事情都是有迹可循的，无论你是因为减肥成功还是像我一样时间管理能力强，你都可以开启副业赚钱之旅了；另一个目的是，如果你未来想要开启副业，现在做的每一件事，都要多问自己一句为什么，通过这个为什么，让自己做事情更系统，思考更深入。

想开启减肥事业的人可以从哪些维度提炼自己的独特亮点呢？

第一点，从自己的减肥故事出发。通过故事性的描述去吸引跟你情况类似的人来成为你的用户。能做成功一件事的人，身上自然而然会散发出魅力来。而减肥这件事，对比就更加明显和直观了，只要你把减肥前和减肥后的照片晒到朋友圈，就是自己一系列方法的最佳代言人。

除此之外，还可以把自己怎么吃、怎么锻炼的一些细节拍成小视频，发在各大平台上，也是非常好的展示自己的方法。

第二点，可以从如何吃和如何健身两个角度提炼出属于自己的独特特点。我身边有超过 50% 的人，误以为减肥是完全靠锻炼达成的。

事实上，真正有效的减肥，七分靠吃三分靠锻炼。只有把这两者结合在一起，才能达到最佳的效果。所以，如果你的目标是通过减肥来开启副业事业，在吃和健身这两件事上，都要有自己的一套实践过的方法。

除此之外，建议大家在一系列的实践过后，也要跟专业的人进行学习，如果有机会拿到证书，会是打造个人品牌更有力的背书。比如，在吃这个维度，可以考营养学相关的证书。

减肥达人有哪些变现的方式可供选择？

第一种，把自己减肥用到的方法，提炼成一整套课程，并且成立行动打卡减肥型社群。

能不能减肥，其实有两大类的原因：一大类是正确的减肥方法；另一类是在正确方法的指导下持续行动起来。所以减肥达人不能只做单纯的授课型的课程，而是应该做成打卡型的减肥训练营。也就是说，教授方法和让用户行动起来一定要配合。

很多减肥达人，在方法的提炼上问题是不大的，但是如何通过社群的运营，让用户行动起来，却是没有很好的方法。最简单直接的方式是找一个擅长社群运营的人帮助自己运营整个社群。另外，在开训练营之前，千万别忘了去参加其他人的训练营，学习别人是如何进行社群运营的。

第二种，做线上包月的私教服务或者是包年的私教服务。

开始起步阶段，大部分人打造个人品牌都是单打独斗的。需要提醒大家的是，可以再开一个客服号，如果你认为自己时间和精力可以兼顾的情况下，客服号可以自己运营。

如果你认为自己想要把更多时间和精力放在更重要事情上，也可以花钱请别人来兼职做线上的客服。你和客服需要配合完成这种变现方式。你的主要作用是为每一个不同的客户，根据她的目标和实际情况去制订适合她的饮食

和健身计划。客服的作用是每天早上固定的时间，把当天
的饮食和健身计划发给客户，或者可以根据客户的要求去
调整发送计划的时间。

比如说，有些人可能想要提前收到第二天的食谱，才
能有时间准备好，那客服需要提前一天发给对方，同时私
教客户有任何的问题，都可以随时来跟你进行沟通。因为
是一对一的贴身私教，相对应服务的时间和花费的精力也
会多很多。

第三种，我们在前面提到过一个人能够减肥成功，除
了健身之外，如何吃也是非常重要的，所以在吃的食物这
个方面也可以找到变现的方式。

如果你对食品本身有研究，可以找合作伙伴去研究一
些减脂餐，如果在这一点上实力还不够，也可以跟其他的
平台合作来提供减脂餐，为自己的训练营客户和私教客户
推荐餐食的时候，把自己的减脂餐融入进去。

第四种，建立线下小班制减脂俱乐部。

现在，越来越多的服务都回归线下了，也有非常多的
人在各大健身房请私教。结合个人商业模式画布，从成本

结构分析，一开始，不建议大家首选这个变现方式，因为需要的成本是最高的，需要场地费、物料费、工作人员薪资等等费用。

当然，减脂达人可以去健身房做私教，但如果未来你想通过减脂这个标签来打造个人品牌，我建议你在找健身房的时候，找相对有名气的，福利待遇反而可以不那么看重，因为标签背书会更加重要。

在这样的基础上，也可以举办小班制的减肥俱乐部。除了在线上提供服务，还需要在线下手把手教大家正确的健身姿势和纠正大家在饮食上的一些错误认知。线上知识的传达，总会存在一些误解，如果能够面对面进行观察和纠正，效果会好很多。

相信以上五个女性开启副业的案例，一定能够给各位女性朋友们在个人品牌打造上带来一些启发。马云曾经说过一句话：因为相信，所以看见。这五个案例能让大家相信，并看到在这个世界上存在着各种各样可以证明自己价值的事情，因此希望你也能相信并看见另一个自己，你的人生将因此而不同。从此刻，开启人生的新篇章吧！

后 记

勇敢向前：

成为自己人生的

设计师

这世间大部分人都是平凡人，区别在于有些人通过自己拼搏，拥有了不一样的精彩人生；而有些人甘于平庸，活得心口不一，拥有碌碌无为的一生。

常常会有学员因为喜欢我而在自己的朋友圈分享有关我的故事，不少人还会找到我的公众号或添加我的个人微信号和我进行连接。

可能是因为只是看了一篇文章，对我还不够了解，所以连接的话语一般是这样子："你好优秀，你的背景应该非常棒吧？我太普通了，感觉离你好遥远。"

因为被问得多了，以至于我还准备了这类问题的一套答案："我家里没有矿，毕业的学校也很普通，第一份工作是月薪 2000 元的客服工作，我曾是你身边常见的普通女性。"

为什么我要这样回答，因为我希望大家可以从我的故事里得到力量。

三年前我的读者小莉给我发来了一长段微信留言，意思是当了两年的全职妈妈，因为看到我的书后，她决定改变一种人生活法。

每次看到这样的留言我都非常开心，于是鼓励她一定要行动起来，并且告诉她这条路不好走，但是坚持走下去，未来的自己一定会感谢做了这个选择的自己。

　　后来就再也没有收到过小莉的消息了。就在前段时间小莉又来找我了，说实话我已经完全忘记我和她的对话，直到她把三年前我们的对话截图发给我，我才想起来当年找过我的全职妈妈小莉。

　　我非常兴奋地问小莉的近况，两天的时间都没有得到她的回复，直到第三天，她告诉我自己状态很差，并且完全没有信心和勇气做出改变。

　　原来三年前当她想要踏出改变的第一步的时候，家人万般阻挠，只希望她能当好全职妈妈，对她没有什么过多的要求，也希望她满足现状。而小莉内心也是惧怕改变的，对自己也没有多少信心，前思后想，接受了家人给自己的建议——继续在家当全职妈妈，完全把想要重返职场以及要持续精进的念头从头脑当中删除了。

　　小莉的故事让我想到了我在怀第一胎时候的事。我的读者们应该都知道我的第一份工作，虽然基础月薪不高，但是奖金很不错，同时压力也很大。

　　没有想到的是我在 2011 年的时候动了一场手术，那个时候我才 25 岁啊，刚刚和刘先生领完结婚证。医生告诉我，我怀孕的概率很低，当时我特别想要一个孩子，于是我决定放弃高压工作，找一份轻松一点的工作并顺带怀孕和生孩子。

可是世事总不如自己预料那么顺利，还没有找到下一份工作我就发现自己怀孕了。怀孕对我来说是我当时多么渴望的事情，但是和丧失了自我的价值相比，居然连怀孕这件事都没有给我带来更大的惊喜。

我的人生蓝图里从来没有做一位全职妈妈的打算，当时的心态真的是全部放在自己没有工作就没有了价值上。我印象非常深刻，我抱着刘先生把他痛打了一顿，事实上这跟他有什么关系呢？当然怀上孩子跟他有关系，但这不正是我自己的选择吗？只是没有在最对的时间发生最对的事情，但是什么才是最对的时间和最对的事情呢？

在怀孕的那一年里，在调理身体之余，阅读了超过 300本书籍，涉及育儿、家庭关系、心理学、职场管理、互联网运营、个人成长等领域，还观看了大量优质的电影，我持续地通过朋友圈展示自己在怀孕生孩子期间的学习和成长，让其他人知道，在怀孕期间我依然怀着一颗积极向上的心，并且付诸行动让自己获得提升。

在我的大宝出生以后，一个惊喜降临：我获得了重回职场并且升职加薪的机会。原因是我的前上司升职了，她看到我在怀孕期间依然坚持提升自己，于是来问我是否有意愿重回职场，并且从普通客服升任客服主管。我马上答应了。

有很多妈妈在孩子出生了以后就逐渐失去了自己的个人生活，变得整天只能围着孩子转，整天想的和聊的都离不开孩子和老公以及家务琐事。

在看了那么多书籍和电影，见过了那么多精彩而不同的人生活法以后，我很清晰地知道，我希望自己的视野更开阔、世界更广大，更希望自己能够成为孩子的榜样。重回职场以后，我继续探索更多让自己成长的机会，业余时间不再和朋友吃喝玩乐，而是在带孩子之余，寻找深圳和周边的各种组织，参与活动并且从中找到能够发挥自己能力的地方。

现在回想起来，2011 年真的是我人生非常关键的一年，如果没有那一年，我不会那么爱自己，我不会意识到保持专注学习的重要性，我不会发现原来当一条路走不通的时候，我们还可以再去思考有没有另外的路可走。

从那之后，我好像遇到更多的难题都不怕了。现在回看那个时刻，我庆幸自己不甘于做一个平庸的人，我可以平凡，但我不想平庸。平凡意味着接纳和再次出发，平庸意味着一切都不可能。

经过怀孕生孩子那一年的调整和学习，我的思维和生活方式都发生了很大改变。除了积极参与同频组织的活动、持续提升自己的复合能力和扩大影响力以外，还通过制定年度梦想清单、每月微梦想清单、阅读和观影清单、自创"月见趣人"项目等，努力让自己的生活变得更加有趣和充实，也让自己通过这些新尝试，不断抓住了新机会：

- 2015 年，成为育儿专栏的作家，获得了几千元的稿费，更重要的是让我意识到，原来自己还有写作这一项能力。

- 2015 年底，开通了在行平台的咨询服务，并在随后学习中通过了国家认证生涯规划师的考核，成为持证咨询师。

- 2016 年初，创立了 Angie 同名公众号，获邀到数十个社群进行分享，开始建立自己的课程社群和打卡群，讲授线上课程"时间管理特训营""职场技能特训营""个人品牌打造特训营"等等。同年获得 CCTV-2 的采访、获得出版社的出书邀约，以及各大线上线下平台的采访和合作邀请。

- 2017 年初，我创立了"价值变现研习社"学习孵化平台，通过课程和社群，帮助数万人提升了能力、探索打造个人品牌之旅，并帮助合作的讲师实现年营收流水从数万到上百万元不等。

- 2018 年初，举办了 500 人的线下活动，同年底我生下二宝，在怀二胎期间主动减少了工作量，大量学习、阅读、观影、品尝美食，在生完二宝后几个月，月营收突破 400 万元。

- 2019 年，我和合伙人成立了线下新项目女性成长教育平台，不断完善"价值变现大学"商业生态圈。

- 2020 年，我的事业正常开展，并且还在持续增长。开启"价值变现金牌导师授权""价值变现女性年度社群"计划，帮助更多的人成功开启自己的副业事业。

几年前的我，很会享受生活，而现在的我更懂得拥抱生活，并且能够收放自如，一边从事自己热爱的事业，一边帮助更多的人拿回人生掌控权，做自己人生的设计师。

我曾经问过自己："几年前的我，会想到自己的人生会有现在这样精彩的活法吗？"回答是当然想不到。但是我很清楚自己喜欢怎么样的人生，我相信把当下的事情一件一件做好，好结果就会自然而然地到来。

我相信我身上的故事能够给女性朋友们很多的力量，这就是我的理想人生。

最后，分享我在 2020 年母亲节那一天，发布的一条视频文字稿，据说很多人看完之后都很有感触：

我是两个男孩的妈妈，但当妈妈并不是我此生最重要的角色，当自己才是。

我希望我的孩子们会觉得他们的妈妈是一个有趣、很酷但又很有魅力的人，当我们想起彼此时是全然地接纳和会心一笑，我们会陪伴彼此人生的许多阶段，但绝不会过度参与。

前天晚上我的助理 Emma 来到我家做客，当她全程参与了我下班后又要带孩子又要讲课的整个过程之后，她对我说"老板，以后下班我绝对不会再随意打扰你"。

当妈妈真的是太难了，但带给我们的欢乐更多。别忘了告诉自己你就是最棒的，也邀请你和我一样，不要在妈妈身份里迷失自己，我们必须先要更好地成为自己：有一份自己热爱的事业，有一份甜蜜的亲密关系，爱自己和相信自己。

现在的你，或许是一位普通职场人，或者是一位宝妈，或者是位自由职业者，但我真诚地希望你能拥有更精彩的人生活法，也希望你通过阅读此书得到学习和提升，让自己的人生充满无限可能！

我期待这本书可以给你力量，带你勇敢向前，和我一起成为自己人生的设计师。